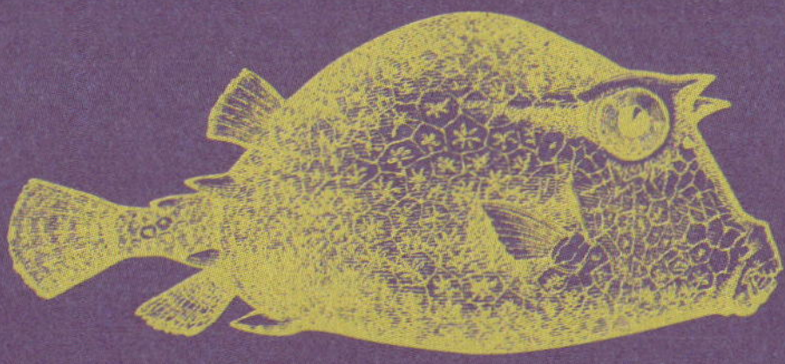

Peter Iwaniewicz

MENSCHEN, TIERE UND ANDERE DRAMEN

Peter Iwaniewicz

MENSCHEN, TIERE UND ANDERE DRAMEN

Warum wir Lämmer lieben und Asseln hassen

K&S

Für Karlo

www.kremayr-scheriau.at

ISBN 978-3-218-01135-8

Schutzumschlaggestaltung: Christine Fischer
Unter Verwendung von Illustrationen von AKaiser/Shutterstock.com, alarts – stock.adobe.com, Anan Kaewkhammul/Shutterstock.com, andrey oleynik/Shutterstock.com, Andrey Solovev/Shutterstock.com, AnnaPugach/Shutterstock.com, Anna Timoshenko/Shutterstock.com, Bodor Tivadar/Shutterstock.com, chris kolaczan/Shutterstock.com, Christina Krivonos/Shutterstock.com, doublebubble_rus – stock.adobe.com, Evgeny Turaev/Shutterstock.com, Hein Nouwens/Shutterstock.com, Hennadii H/Shutterstock.com, Independent birds/Shutterstock.com, lynea/Shutterstock.com, KUCO/Shutterstock.com, mamita/Shutterstock.com, Maryna Okhrimenko/Shutterstock.com, mashakotcur/Shutterstock.com, Melok/Shutterstock.com, Morphart Creation/Shutterstock.com, Natalya LevishHorG/Shutterstock.com, pio3/Shutterstock.com, Rawpixel.com/Shutterstock.com, Swill Klitch/Shutterstock.com, Sybille Yates/Shutterstock.com, Vera Holera/Shutterstock.com, Volodymyr Krasyuk/Shutterstock.com
Lektorat: Paul Maercker
Satz und typografische Gestaltung: Danica Schlosser, www.danicagrafik.de
Druck und Bindung: Druck und Bindung: FINIDR, Český Těšín

Inhalt

1. Biologe? Und was machen Sie beruflich? 9

2. Tiere bedrohen Menschen 27

3. Menschen kämpfen gegen Tiere 47

4. Tiere und Kunst 65

5. Tiere und Wissenschaft 85

6. Bei Tieren heißt es nicht Sex 105

7. Ich bin dann mal weg 123

8. Was Menschen an Tieren wirklich interessiert 139

9. Worüber man nicht sprechen kann 153

10. Versöhnungen 163

Statt eines Nachworts 185

Tier-Register 187

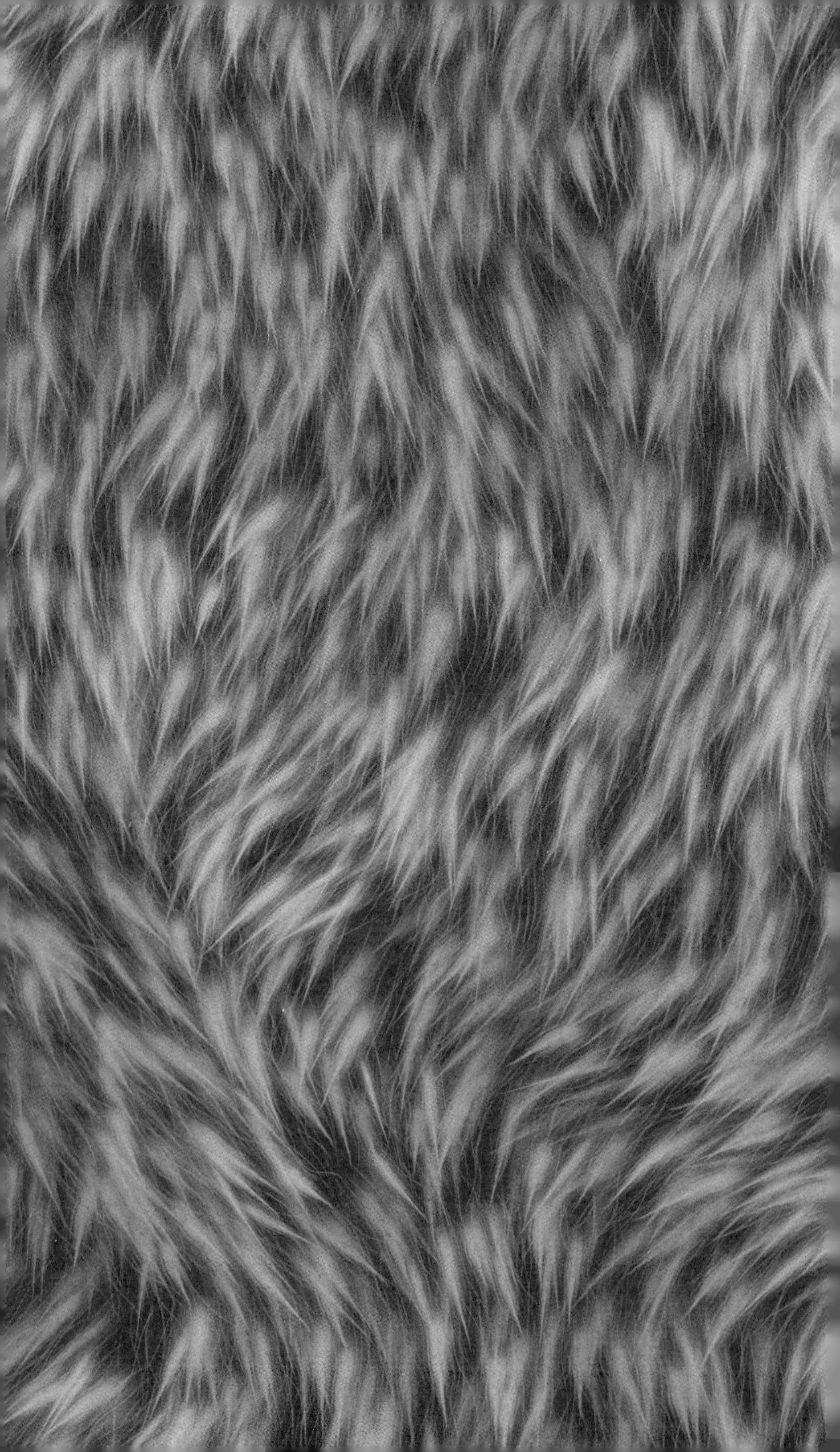

1. Biologe? Und was machen Sie beruflich?

Als ich eines Morgens aus unruhigen Träumen erwachte, fand ich mich in meinem Bett zu einem Biologie-Studenten verwandelt. Einige Jahre später würde ich mit anderen Zoologen heftige Diskussionen darüber führen, ob sich Gregor Samsa in Franz Kafkas Erzählung in einen Käfer, eine Schabe oder doch ein anderes Insekt verwandelt hatte.

Aber jetzt musste ich mich erst einmal mit meiner neuen Identität auseinandersetzen. Biologe. Das war auf meiner jugendlichen Berufslandkarte ein weitgehend weißer Fleck. In der Quizsendung „Was bin ich? – Das heitere Beruferaten" trat einmal eine schon etwas ältere Frau auf, die – nachdem das Rateteam ihren Beruf, nämlich Gewässerbiologin, nicht erraten hatte – gegenüber dem Moderator Robert Lembke beklagte, dass sie trotz Doktortitel seit zwei Jahren arbeitslos sei. Hätte sie doch etwas „Ordentliches" studieren sollen, kommentierte dies mein Vater, für den als Techniker jegliche natur- oder geisteswissenschaftliche Ausbildung bestenfalls die Grundlage für ein gepflegtes Hobby war.

Durchaus „ordentlich" erschien mir Otto König, ein umtriebiger Naturforscher und Ehren-Professor, der in seiner Fernsehsendung „Rendezvous mit Tier und Mensch" mehr als dreißig Jahre lang der österreichischen Nachkriegsgesellschaft das Verhalten der Tiere und Wissen über ihre Lebensräume näherbrachte. Naturschutz hatte damals, in den siebziger Jahren des zwanzigsten Jahrhunderts, einen ähnlichen Beigeschmack wie antiautoritäre Erziehung oder Vegetarismus. Also ein von der sozialen Norm abweichendes Verhalten einer kleinen Gruppe von – freundlich formuliert – Exzentrikern, für das man an den Stammtischen in Wirtshäusern keine akzeptable Erklärung fand.

Und noch faszinierender war in dieser Zeit für mich Konrad Lorenz, Zoologe und Nobelpreisträger, der mit dem Vieh, den Vögeln und den Fischen redete, und in seinen populären Büchern Tiere nicht nur als vernunftbegabte Lebewesen, sondern auch als eigenständige Persönlichkeiten zeigte, die sich manchmal so wie Menschen verhielten.

Vor allem der Umkehrschluss, dass unser Verhalten seine Wurzeln auch in der Tierwelt hätte und man durch die Beobachtung von Wölfen, Hausschweinen oder Graugänsen etwas über sich und seine erratischen Mitmenschen erfahren könnte, erschien mir wie ein helles Licht am Ende des Tunnels der Pubertät.

Auf diesem Substrat wuchs also langsam mein Wunsch, Biologe zu werden. Natürlich kein Wald- und Wiesenbiologe, so wie manche meiner Mitschüler, die tote Tiere sammelten und diese in quasi arkanen Runden im Lehrmittelraum der Naturgeschichtslehrerin mit anderen Eingeweihten sezierten.

Nein, als ein Kind der Großstadt achtete ich auf ausreichende Distanz zu allen anderen stechenden, beißenden, giftigen und vor allem unbekannten Lebewesen.

Toiletten waren besonders angsterfüllte Orte, wo aus dunklen Lüftungsschächten Spinnen herauskrabbeln und sich auf ungeschützte Körperteile abseilen konnten. Die kleebewachsenen Wiesen städtischer Schwimmbäder erschienen mir wie Minenfelder, wo ein unbedachter Schritt mit nacktem Fuß sofort zu einem brennenden Bienenstich führte. Und sportliche Herausforderungen beim Herumsteigen in einem Holunderbusch wurden sofort mit einer Blattlausdusche bestraft. Das Leben in der Natur war für mich kein Traum, sondern vielmehr ein Trauma.

Meine Entscheidung, trotz all dieser Ängste vor sich windenden Würmern und wuselndem Ungeziefer – zoologisch dachte ich damals noch nicht sehr genau – ein Biologiestudium anzufangen, war mehr vom Wunsch geprägt, mich über

Tiere mit Gesicht, Nase und Haaren zu unterhalten und dabei die großen Fragen der Evolutionsbiologie und des Lebens an sich zu klären.

LEHRJAHRE

Neben den verpflichtenden Einführungsvorlesungen besuchte ich gleich im ersten Semester eine Lehrveranstaltung über Verhaltensforschung. Doch die vom Vortragenden selbst angefertigten Tonaufnahmen von Unterhaltungen der Hunde in seinem Wohnviertel hörten sich eher öd und mit der Zeit nervend an. Also wechselte ich in den damaligen Zeiten unerhörter Leichtigkeit des Studierens in ein Seminar, das eigentlich für höhersemestrige Studenten empfohlen wurde. „Ökologische Entomofaunistik – Exkursion" hörte sich nach Spaß im Freien an und fand vermutlich an einem Ententeich statt. Mangels altgriechischer Kenntnisse war mir nicht bewusst, dass *éntomon* eigentlich „das Eingeschnittene" bedeutet und somit die Bezeichnung für Insekten ist.

Nachdem uns der Bus im tiefsten Wienerwald ausgespuckt hatte, begann ein Universitätsassistent wortlos zuerst kleine Glasröhrchen und dann Zettel an jeden Teilnehmer auszuteilen. Auf meinem Papier stand das rätselhafte Wort „Heteroptera". Die bergbeschuhten und regenbejackten Auskenner-Studenten verschmolzen daraufhin sofort mit der Umgebung, während ich mit Fiorucci-Shirt und Leinenturnschuhen in der bleichen Oktobersonne auf die Ausgabe von Fanggeräten und Schutzkleidung wartete.

Das wurde einem doch schon in der Volksschule beigebracht: Tiere nicht anfassen, die können auch Krankheiten übertragen! Um nicht aufzufallen, stellte ich mich zu einem Baum und betrachtete dessen Rinde mit vorgetäuschtem Interesse. Ungebetenerweise gab man mir Tipps, an welchen Stellen unter Steinen und im Herbstlaub ich mehr Erfolg bei der Suche hätte. Und tatsächlich fand ich ein kleines Insekt, dass ich mit Hilfe meines Collegeblocks und viel Waldboden in das Röhrchen stopfte. Bei der anschließenden Besprechung der verschiedenen Fänge, knurrte der Assistent angesichts meines Fundes in völliger Verkennung der Überwindung meiner Insektenphobie: „Na, Herr Kollege, das ist aber eine schöne Erdbestattung geworden. Und sie haben keine Wanze, sondern Ectobius lapponicus, eine Waldschabe, mitgebracht".

Trotz meines ersten, eher kläglichen Versuchs, in meinem Biologiestudium mit jenen Studenten mitzutraben, die entweder in der Wildnis von Wolfsmüttern aufgezogen worden waren oder zumindest alle zehn Bände von „Grzimeks Tierleben" auswendig kannten, fand ich Gefallen an den zahlreichen zoologischen Exkursionen.

Vögel zu beobachten erschien mir eine gottgewollte Beschäftigung für einen angehenden Zoologen, und so schloss ich mich einer Gruppe von Birdwatchern an. Kurz nach Sonnenaufgang schob ich mich dann also in einer Gruppe beeindruckender Ferngläser mit dazugehörigen Menschen durch den Wienerwald. Wer glaubt, dass die zentrale Eigenschaft von Vögeln das Fliegen sei, der irrt. Diese fiedrigen Tiere sitzen vor allem in Busch und Baum, wo es gilt, sie wie in einem Vexierbild zu entdecken: Vogelgesänge könnten beim Lokalisieren helfen, doch wird Zwitschern meist von anderem Geschnatter überdeckt:

„Da sitzt ein Halsbandschnäpper!"
„Wo?"
„Da, links."
„Ah, links, wo?"
„Na, da links oben."
„Geh', das ist doch ein Buchfink!"

„Hinter dem Buchfink, da sitzt er. Siehst ihn?"
„Nein, wo denn?"
„Na, jetzt ist er weg. Ein Männchen war's."
„Niemals, hast du nicht den hellbraunen Schnabel gesehen? Typisch Weibchen."

Der deutsche Reichskanzler Otto von Bismarck, dem das Zitat „Es wird nie so viel gelogen wie vor der Wahl, während des Krieges und nach der Jagd" zugeschrieben wird, war wohl nie mit einer Gruppe von Vogelkundlern unterwegs.

Als flatterhafter Charakter suchte ich aufregendere Bereiche in der angewandten Tierkunde und fand sie auf Exkursionen in den Süden.

Dort konnte man sich zum Beispiel durch eine Form unreflektierter Tollkühnheit profilieren, die erst viel später in der MTV-Serie „Jackass" populär wurde. Johnny Knoxville führte in dieser Fernsehshow am eigenen Körper vor, wie man sich als pubertierender, männlicher Jugendlicher bei sinnbefreiten Mutproben möglichst gefährliche Verletzungen zufügen kann.

Also sprang ich als mittlerweile fortgeschrittener und übermotivierter Student in Kroatien in uneinsichtige Schilfgestrüppe, um dort eine Schlange mit bloßer Hand zu fangen. „Sehr schön", freute sich der zuständige Reptilienexperte, „da haben Sie eine Zornnatter erwischt." Nach kurzem Blick auf meine leise vor sich hin blutende Hand wandte er sich dann an die weniger Mutigen: „Ungiftig, wie sie am halbkreisförmigen Bissmuster erkennen können. Die hier viel häufiger vorkommende Hornotter hinterlässt mit ihren Giftzähnen immer nur zwei Löcher."

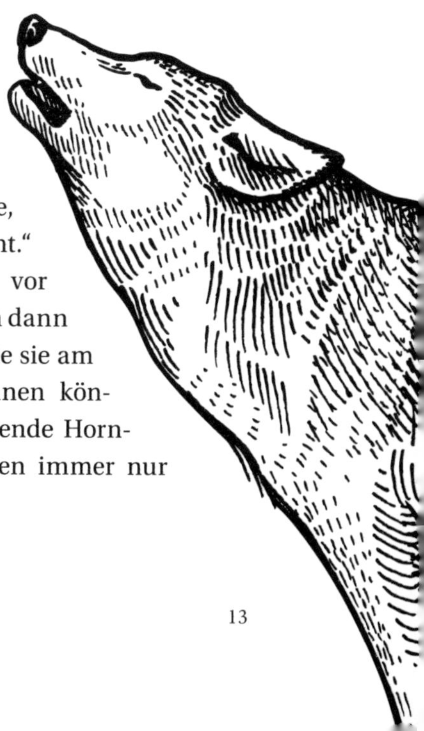

SAG: FEIG!

Mein Biologiestudium war mit der Zeit nicht nur fortgeschritten, sondern semestermäßig geradezu angeschwollen. Auf der Suche nach Geld und einem Einstieg ins Berufsleben arbeitete ich über den Sommer als Betreuer in einem Ferienlager. Meine ursprünglichen Ängste vor rückgratlosen Tieren hatte ich nach einer Methode des Arachnologen William Bristowe abgelegt. Dieser hatte Schwierigkeiten, sich mit bestimmten Spinnenarten anzufreunden und überwand seine Furcht, in dem das betreffende Tier einfach aß. Nur bei der langbeinigen Hauswinkelspinne Tegenaria atrica hatte das von ihm in diesen Fällen angewandte und bewährte Rezept keine ekelbefreiende Wirkung gezeigt, gestand er in einem seiner Bücher.

Ich hatte mich schon als Kind aus solchen, bei meinen Sandkastenfreunden sehr beliebten Mutproben, wie zum Beispiel dem Essen von Regenwürmern, herausgehalten. Verschlucken ist da eigentlich das treffendere Wort, denn eingeschlossen in viel Spucke wurden winzige Regenwurmbabys hinuntergewürgt. Aber an Insekten und Spinnen hatten sich auch die Mutigsten damals nicht herangewagt.

Offenbar scheint das Essen von Spinnen auch schon in der Zeit vor Fernsehshows wie dem Dschungel-Camp eine Art Initiationsritus und Mannbarkeitsprobe gewesen zu sein. Der populäre Berliner Mediziner Ernst Ludwig Heim schrieb dazu in seinen Tagebüchern, dass er bereits als Kind gerne Arzt habe werden wollen. Doch sein Vater habe ihn wegen seiner „weibischen“ Art verspottet und gemeint: „Wer Arzt werden will, darf sich auch nicht fürchten, Spinnen zu essen.“ Heim machte sich darauf ein mit Spinnen belegtes Butterbrot und aß es vor den Augen des Vaters auf.

Während sich – zum Glück – seit dem 18. Jahrhundert die Pädagogik weiterentwickelt hat, probierte ich diese Methode in einer Light-Version in einem Jugendcamp nochmals aus.

Ich zog also als Betreuer für zwei Wochen mit Gruppen von präpubertären Jungmenschen durch das Unterholz und hatte vollkommen vergessen, welch panische Angst ich ursprünglich vor Spinnen gehabt hatte. Ein paar Kinder nervten mich mit der Frage, wie man Naturführer werden könnte. Um sie endlich loszuwerden, behauptete ich, dass man einen Aufnahmetest machen müsse, der darin bestehe, eine Spinne über seine Zunge laufen zu lassen.

Meine Vermutung war richtig gewesen, angeekelt drehten die Fieselschweife ab. Ich hatte die ganze Sache bereits vergessen, als nach einigen Tagen ein aufgeregter Trupp Kinder angewanzt kam. In ihrer Mitte führten sie einen ziemlich stocksteifen Burschen, der trotz herausgestreckter Zunge immer wieder etwas murmelte, das wie „If bfin bfereit“ klang.

Ich wurde darüber aufgeklärt, dass er nun – nach tagelanger mentaler Vorbereitung – für den großen Naturführeraufnahmespinnentest bereit sei. Eine kleine, grüne Krabbenspinne hatten sie auch schon mitgebracht. Und ehe ich mich herausreden konnte, wurde versucht, diese unter großem Gekreische des Publikums dem Naturführeramtsanwärter auf die langsam austrocknende Zunge zu pressen. Eine nicht zu unterschätzende Herausforderung, denn die Spinne tat alles, um sich im eigentlichen Sinne des Wortes abzuseilen. Nach einigen Minuten berührte sie dann doch noch für einen Bruchteil einer Sekunde die jugendliche Zungenoberfläche. Und – damit diese Frage nicht ungestellt und unbeantwortet im Raum hängen bleibt: weder wurde die Spinne gebissen, noch der Jugendliche gefressen.

„Gibt es wirklich gar kein Tier, vor dem Sie Angst haben? Müssen Biologen frei von Tierphobien sein, so wie Ärzte Blut sehen können müssen?“, wurde ich einmal gefragt. Vor Tieren hat man Respekt, aber keine Angst. Andernfalls sollte man bei Botanikern oder Mikrobiologen Zuflucht suchen.

Die Ansichten darüber, was für Kinder wertvolle Erfahrungen und zulässige Abenteuer sind, haben sich innerhalb einer Generation sehr gewandelt. Vor allem die Sommerferien waren früher eine wunderbare Zeit kreativer Langeweile, wo man als Schulkind endlich von den Trampelpfaden des Belehrtwerdens und steter Zurechtweisungen entkommen konnte. Ein guter Ort für solche kleinen Fluchten war der Wald, der mit seinen dunklen Innenräumen und freundlichen Wiesenrandzonen alles bot, was man für einen Tag voll atemloser Abenteuer brauchte. Mut ist hier ein notwendiger Begleiter eines Stadtkinds, das sich ohne elterliche Aufsicht gegenüber der eingeborenen Landjugend erst beweisen musste.

Zum Einstieg in den juvenilen Mutprobenkanon gehört auf alle Fälle der Mistkäfer-Handdurchbohr-Test. Diese bulligen, dunkel-metallisch glänzenden Käfer findet man fast überall in Wäldern und auf Kuhweiden. Ihren abwertenden Namen verdanken sie dem Umstand, dass sie für ihre Brut den Dung von Pflanzenfressern zu Kugeln verarbeiten und auf diese in unterirdischen Kammern je ein Ei legen.

Hat man also einen der angenehmerweise tagaktiven Käfer gefunden, nimmt man diesen in die Hand und schließt um ihn herum die Faust. Hält man diese ans Ohr, dann kann man jetzt deutlich seine Protestlaute hören, die er durch Reiben einer speziellen Beinkante am Brustpanzer erzeugt. Die Hand bleibt weiterhin geschlossen. Der gefangene Mistkäfer sucht sich nun sehr energisch einen Weg zwischen den Fingern hindurch ins Freie. Auch die Hand eines Erwachsenen kann ihn dabei nicht aufhalten, unnachgiebig presst er sich solange mit seinem Panzer gegen die weichen Teile der Finger, bis er plötzlich wieder außen auf der Faust sitzt. Das Ganze tut nicht weh, ist aber ein unvergleichlich sinnliches Ereignis, besonders, wenn man währenddessen die Augen schließt. Das krabbelnde, drängende Gefühl lässt sich in der Hand keiner bestimmten Stelle zuordnen und es bleibt eine gewisse Restangst, dass sich der Käfer vielleicht doch mitten durch den Handrücken frisst. Selbstverständlich wird diese Befürchtung dem Kandidaten vor der Mutprobe nicht genommen.

Steinkrebse mit der Hand zu fangen ist eine fraglos edlere Herausforderung als Gelsen mit seinen Ausdünstungen anzulocken. Diese wunderbaren Tiere werden leider von der eingeschleppten Krebspest und eingeschwemmten Insektiziden in ihrem Bestand arg bedroht. Sie persönlich kennenzulernen, bevor sie verschwinden, lohnt sich daher jedenfalls. Die etwa zehn Zentimeter langen Krebse leben in kleineren, klaren Gewässern und ziehen sich tagsüber unter Steinen und Höhlungen am Rand des Baches zurück. Mit etwas Glück findet man auf einem größeren Kiesel ihren nach der Häutung zurückgelassenen Chitinpanzer.

Mehr Überwindung braucht es, im Trüben zu fischen und unter Steinen nach ihnen zu suchen. Hat man ein kleines Gefäß mit, dann platziert man dieses hinter den Tieren und nähert sich mit der Hand oder einem Stecken von vorne an. Die Krebse machen dann einen Fluchtsprung nach hinten und sitzen schon im Becher.

Und es gibt natürlich auch eine Hardcore-Variante. Man verwendet seine Finger wurmgleich als Köder und hält diese unter das Bachufer. Zwicken sie zu, dann kann man sie leicht herausziehen. Der gefühlte Schmerz ist zwar mehr als ein Gelsenstich, aber die Finger bleiben ganz. Und mit der noch freien Hand kann man dann sogar noch ein Selfie mit dem Steinkrebs machen.

DIE VERWANDLUNG

Nach vielen Jahren als Naturführer hatte ich nicht nur jegliche Berührungsangst gegenüber Tieren und deren Produkten verloren, sondern auch die Erinnerung daran verdrängt, dass sich andere Menschen schon beim Gedanken daran ekeln oder fürchten. Mein in diesem Bereich geschrumpftes Mitgefühl trug mir öfters böse Blicke von den Nachbartischen ein, wenn ich mich in Restaurants allzu euphorisch über die korrekte Zubereitung von Heuschrecken und Engerlingen unterhielt.

Auch musste ich erst lernen, dass es die Akzeptanz meines Berufsstands bei der ländlichen Bevölkerung nicht steigerte, wenn ich auf einer Almhütte versuchte, dem Pächter den sperrigen Begriff der Ökosystemdienstleistungen mit einem praktischen Rechenbeispiel zu veranschaulichen. Darunter versteht man die monetäre Bewertung dessen, was die Natur für uns leistet. Gängiges Beispiel sind dabei Bienen, deren Bestäubungsarbeit für die Landwirtschaft auf 215 Milliarden US-Dollar geschätzt wird. Wie wäre dann die „Dienstleistung“ von Fliegen und Käfern zu bemessen, die Exkremente auf des Pächters Weiden abbauen? Da jedes Rind täglich etwa zehn Kuhfladen mit einer Fläche von 0,08 Quadratmetern absetzt und circa 300.000 Rinder auf österreichischen Almen leben, würden ohne diese Insekten täglich 24.000 Quadratmeter Almwiese zugeschissen und unbrauchbar werden. Ich durfte zum Glück noch den Jagertee austrinken.

Aber manchmal konnte ich die Menschen in meiner Umgebung auch davon überzeugen, dass eine genaue Kenntnis dieser „Viecherln“ auch sehr praktische Seiten hat.

Bei einem Urlaub im Süden Österreichs klagte ein Nachbar am Campingplatz, dass ihm eine Heuschrecke mit ihrem lauten und unablässigen Gezirpe nächtens den Schlaf raube. Mit dem Selbstbewusstsein eines Magiers, der weiß, wie man sein Publikum durch einen einfachen Trick verblüfft, bot ich ihm an, diese endlosen Liebesgesänge des Heuschrecks gewaltlos und wie auf Knopfdruck zu beenden. Ich verschwand hinter seinem Zelt und nach wenigen Minuten war es still.

Im Unterschied zu einem Zauberer verriet ich dem Mann meinen „Trick". Man muss dazu die singenden männlichen von den stillen weiblichen Heuschrecken unterscheiden können. Erfreulicherweise funktioniert das bei allen 139 österreichischen Arten, aber auch bei den 26.000 Arten weltweit ganz einfach. Die Weibchen haben am Hinterende entweder einen langen Legesäbel oder zwei Paar Genitaldorne. Trotz Fachsprache erkennt man diese Körperteile sofort, wenn man sie sieht. Hat man das singende Männchen einmal entdeckt, muss man ein passendes Weibchen finden, das meistens reglos in der Nähe im Gras oder auf Büschen sitzt. Mit einem Papiersäckchen und etwas Übung lässt sich die Dame einfangen und zum auf sie wartenden Sänger bringen. Das Ziel der Zirperei ist damit erreicht und die Begegnung endet in lautloser Kopulation. Diese Methode eignet sich vor allem für einsame Heuschrecken in Hotelanlagen oder auf Balkonen. Wer in einer Wiese sitzt, muss möglicherweise sehr viele Heuschreckenpärchen zusammenführen. In diesem Fall war mir aber die Bewunderung des Nachbarn und eine Einladung zum Grillen sicher.

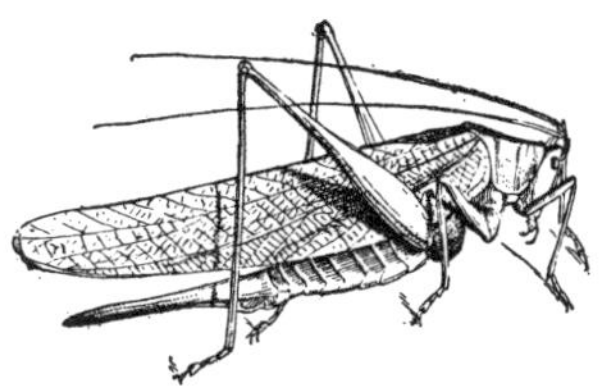

Langsam begann ich in meine Identität als Spezialist für allgemeine Fragen des Lebens hineinzuwachsen. Und auch meine soziale Umgebung begann mich zunehmend als Hotline für die unterschiedlichsten Probleme anzusprechen. Diese Anfragen beginnen bis heute stets mit der Feststellung „Du bist doch Biologe ..." und werden dann von Erkundigungen zu völlig anderen Fachbereichen gefolgt. Wenn der Gummibaum gelbe Blätter bekommt, wenn man einen roten Punkt auf der Haut hat, wenn seltsame Geräusche hinter der Wand zu hören sind oder Motten das Müsli besiedeln, dann sollte man als Biologe eine fixe Antwort parat haben. Andernfalls erntet man Blicke, die daran zweifeln, dass man jemals einen Fuß in die Universität gesetzt hat.

Mit den Jahren lernte ich, dass hinter diesem Fragen-Potpourri zu Liebe, Mordlust und Streben nach unnützem Wissen der Wunsch steht, sich mit jemand anderem über seine Begegnungen mit Tieren auszutauschen und Mitleid für eine missliche und eigentlich hoffnungslose Situation zu erhalten.

In manchen Fällen konnte ich nur stumm kondolieren: „Wir haben vor einigen Wochen ein Gartenhaus mit einem Schindeldach gebaut. Unsere Nachbarn haben ebenfalls Gartenhäuser, aber unser Haus ist das einzige, das am Dach von Vögeln beschissen wird. Wir sind absolute Tierfreunde, aber dass die Vögel ausgerechnet auf uns scheißen müssen, verstehe ich nicht! Was sollen wir nur machen?"

In anderen Fällen hing die Liebe an einem seidenen Faden: „In meinem Badezimmer leben zwei Zitterspinnen. Einmal habe ich beobachtet, wie die eine zur andern hintastete, worauf diese heftige Abwehrbewegungen machte und das Männchen (?) vertrieb. Was kann ich tun, damit sich die beiden doch noch finden?"

Dann gibt es aber auch seltsame und beunruhigende Fragen: „Meine Kinder kümmern sich nicht mehr um ihr Meerschweinchen. Ich will es nicht einfach ins Tierheim geben, sondern fände es pädagogischer, wenn es eine ökologischere Lösung gäbe. Brauchen Zoos diese Nager vielleicht als Futtertiere?"

Tiergärten scheinen nicht nur faunistische Bildungseinrichtungen zu sein, sondern für die städtische Bevölkerung auch eine Art Ressource für Notfälle darzustellen:

„Wissen Sie, wie lange man sich im Fall einer Apokalypse von den Tieren in einem Zoo ernähren könnte? Und woran erkennt man die giftigen, beziehungsweise ungenießbaren?"

In diesem Fall war meine Empfehlung, zuerst den botanischen Garten und das Palmenhaus für Zwecke der Ernährung zu plündern.

Auf folgende Mail eine kompetente Antwort zu geben, erschien mir nicht passend:
„Wenn ich meinen Nachbarn auf raffinierte Weise töten will, welches stechende Insekt wäre dazu am besten geeignet. Und wie viele Exemplare sind dafür notwendig?"

Und auch wenn man tierisches Gift nur zur Entspannung einsetzen will, kann die Anleitung, bei Drogenexperimenten jeder Art die giftigen Teile zu trocknen und diese dann zu rauchen, mehr als Empfehlung denn als biologisches Hintergrundwissen verstanden werden:

„Ich habe gehört, dass Stiche von Skorpionen eine drogenartige Wirkung verursachen. Welche Art wäre dazu am besten geeignet und wo bekommt man diese?"

Neben dieser „zivilen" Peripherie veränderte sich auch mein persönlicher Freundeskreis, der zunehmend aus weiteren Biologen aller Fachrichtungen bestand.

Der Geruch von Mottenkugeln, die damals noch verwendet wurden, um die Tierpräparate und Insektenschaukästen zu schützen, war bald ein vertrautes olfaktorisches Indiz und man wusste sofort, dass man sich in der Wohnung eines Zoologen befand.

Bei Botanikern roch es hingegen deutlich anders, ein eher modrig-kompostierendes Geruchserlebnis, das durch trocknende, in die Herbarpresse eingelegte Pflanzen entstand.

Wie jede andere Berufsgruppe auch erkannte man sich an kleinen Insignien und pflegte seinen Status als Sonderling, wie er in den Gemälden des romantischen Malers Carl Spitzweg trefflich dargestellt wird. Als ich zu einer meiner letzten Prüfungen bei einem Insektenspezialisten antrat, schleppte ich einen neu erworbenen Auspufftopf samt körperlangem Mittelrohr für mein uraltes Auto mit. Der Professor würdigte dieses Teil mit einer ironischen Bemerkung: „Welche Insekten wollen sie denn mit diesem riesigen Exhaustor sammeln?“ Eigentlich handelt es sich dabei um ein kleines Ansauginstrument, mit dem man vor allem bodenlebende Insekten verletzungsfrei durch ein kleines Plastikröhrchen in einen Sammelbehälter einsaugt.

Anders als Gregor Samsa, der wegen seiner Verwandlung von seiner Familie ausgestoßen wird, fühlte ich mich in dieser kleinen Berufsweltblase zunehmend gut aufgehoben.
Gerade diese eigene Weltabgewandtheit vieler Naturfreunde von den Erregungen einer Konsum- und Eventkultur, die unsere Gesellschaft elektrisiert, faszinierte mich in ihrem Gleichmut gegenüber gruppendynamischen Zwängen. An einem frühen Silvesterabend traf ich zufällig auf der Straße einen Studienkollegen und engagierten Vogelkundler. Dieser forschte gerade über das Nahrungsspektrum von Kormoranen. Diese Thema war damals auch politisch brisant, denn die Fischereiwirtschaft forderte den Abschuss dieser angeblich ihre Zuchtteiche leerfressenden Vögel. Für die Ansicht der Naturschützer, dass Kormorane meist nur kleine, nicht verkaufsfähige Fischarten verzehren, gab es noch keine stichhaltigen Untersuchungen. Daher analysierte er die von den Tieren nach einer Mahlzeit in einem roten Speiballen hervorgewürgten, unverdaulichen Bestandteile wie Knochen und Schuppen. Dazu legte er unter ihren Schlafplätzen Vliese aus, da die Vögel jeden Tag in der Früh die Überreste ihrer Nahrung vom Vortag sowohl auf Seite des

Schnabels als auch über den Südpol loswerden. An den darin noch enthaltenen kleinen Gehörknöchelchen kann man die Fischarten und sogar deren Alter exakt bestimmen. Eine interessante Sache und der Geruch ist im Vergleich zu den Miasmen der Tierpräparation fast lieblich. Fast. Auf die Einladung, sich uns anzuschließen und diesen letzten Abend des Jahres mit Freunden in gebührender Weise zu feiern, winkte der Ornithologe ab und meinte: „Ich möchte lieber noch ein paar Speiballen auszählen gehen."

Ich muss gestehen, dass ich mich selbst nie zu so einer orthodoxen Lebensführung entscheiden konnte, aber ich bewunderte, wie manche Taufscheinkatholiken, solche Mönche für ihre Konsequenz und Fokussierung auf die für sie wesentlichen Dinge.

DER ANRUF

Mit Abschluss meines Studiums verlor ich damit auch meine bis dahin bestehende existenzielle Selbstberechtigung. Offenbar hatte diese Promovierung bei mir auch Veränderungen im Stoffwechsel verursacht und zur Ausschüttung neuer Pheromone in meinem Schweiß geführt. Die auf Naturführungen regelmäßig zur Überprüfung meiner formalen Autorität an mich gerichtete Frage „Sind Sie Biologe?" hatte ich bis dahin eher ausweichend mit einem genuschelten „Mjah, ich schreibe nur noch an der Dissertation" beantwortet. Darauf folgte jedes Mal blitzartig die unangenehme Nachfrage: „Und haben sie das Studium abgeschlossen?"

Ich wartete daher mit meinem neu erworbenen Doktortitel nur darauf, endlich mit überzeugter Stimme „Selbstverständlich" antworten zu können. Doch meine neue, sublime Duftnote „Studium erfolgreich beendet" unterdrückte bei anderen

Menschen anscheinend olfaktorisch jede diesbezügliche Neugier. Ich wurde dies bis heute nie mehr wieder gefragt.

Nach dem Motto „Reden ist Silber, Schreiben ist Gold" klopfte ich bei verschiedenen Tages- und Wochenzeitungen an und schlug ihnen vor, Texte über unbekannte, aber uns umgebende Tiere zu schreiben. Ich hatte mir auch schon einen meiner Meinung nach lustigen und auf einen Woody Allen-Film anspielenden Titel ausgedacht: „Was Sie schon immer über andere Lebewesen wissen wollten, aber bisher nicht zu fragen wagten".

Vermutlich lag es nicht nur an der überlangen und für kein Zeitungs-Layout geeigneten Überschrift, dass sich kein Redakteur bei mir meldete. Nur der Herausgeber einer kleinen, alternativen Wiener Wochenzeitschrift nahm meinen Anruf entgegen, vertröstete mich aber, weil er dies noch mit dem Redaktionskollektiv besprechen wollen musste. Ich wartete auf den Rückruf zehn Wochen lang und begann dann langsam zu begreifen, dass dieses Schweigen in diesem Fall wohl kein Geld bedeutete.

In Wien gab es damals gerade ein Massenauftreten einer sehr markant gezeichneten Schmetterlingsart mit schwarzem Körper und weißen Flecken auf den Flügeln. Es handelte sich um das Weißfleck-Widderchen, das man zu Anfang des Sommers überall in den Grünzonen der Stadt fliegen sehen konnte.

Enttäuscht darüber, noch immer keine Antwort auf meinen Probetext für eine Tierkolumne bekommen zu haben, nahm ich einen dieser auf der Straße liegenden, toten Schmetterlinge und legte ihn ein Kuvert, das ich zusammen mit einem jugendlich-trotzigen Begleitschreiben an die Redaktion der Wochenzeitung sendete: „So wie Sie fragen sich auch Ihre Leser: ‚Was ist denn das für ein Falter?', oder auch: ‚Kann er uns gefährlich werden?' Aber leider gibt es bei Ihnen keine Kolumne, die diese wesentlichen Fragen des Lebens erörtert. Niemand wird daher erfahren, dass es sich dabei um Amata phegea, das Weißfleck-Widderchen – eine von ca. 3000 mitteleuropäischen Schmetterlingsarten – handelt. Mit seinem Aussehen imitiert es einen anderen Falter, das Veränderliche Widderchen, welches für Vögel giftig ist und daher nicht gefressen wird. Mimikry nennt man diese Anpassung, die der Abschreckung von Feinden dient. Will Ihre Zeitung mich abschrecken?"

Für mich war die Sache damit emotional abgeschlossen. Umso größer meine Überraschung, als ich einen Anruf erhielt und zu einem Gespräch über eine mögliche Glosse eingeladen wurde. Der Herausgeber war selbst ein Bewunderer der Tierwelt und wir verstanden uns sehr gut, aber bei der Verabschiedung konnte er sich ein kleines Revanche-Foul zu meinem frechen Brief nicht verkneifen. Er sah mir tief in die Augen und fragte mich: „Sie sind ja Biologe, aber was machen Sie eigentlich beruflich?"

Nachtrag: Das US-Magazin „Popular Science" hat eine Liste der zehn miesesten Jobs für Naturwissenschaftler veröffentlicht. Biologen sind da ganz vorne mit folgenden Fachbereichen dabei: Wal-Pathologen, Meeresschleim-Aufsammler, Wurm-Parasiten-Forscher und Exkremental-Archäologen.

Ja, da kann man schon darüber lächeln, aber diese Tätigkeiten sind allemal angenehmer, als in Labors mit radioaktiven oder giftigen Substanzen zu arbeiten.

Nach vielen Jahren in diesem Berufsfeld fühle ich mich so, wie der Biologe Donald Carr ein erfülltes Krustentier-Leben beschreibt: „Eine Krabbe im Gezeitenwechsel ist glücklich wie ein Singvogel, der am Morgen die Sonne aufgehen sieht."

Von den Freuden, Erregungen und Erkenntnissen über uns und die Welt handelt dieses Buch.

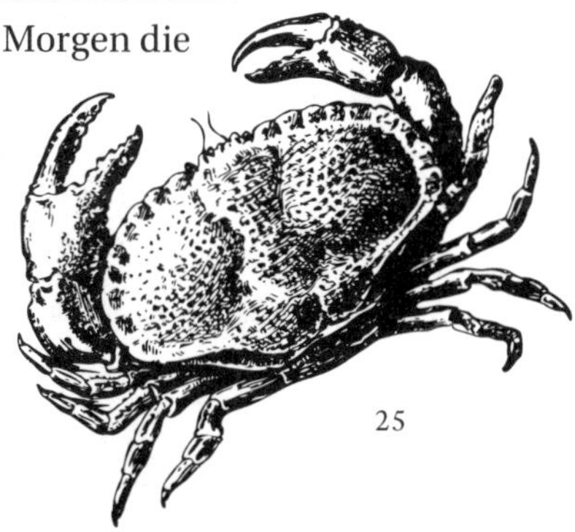

2.
Tiere bedrohen Menschen

Je mehr ich im Lauf der Zeit über die Lebensweise und das Verhalten der Tierwelt lernte, um so sensibler wurde ich für die oft alarmistische Berichterstattung darüber in Boulevard-, aber auch in Qualitätsmedien. Demnach ist die Welt tatsächlich so, wie sie der US-amerikanische Songwriter Randy Newman in seiner Titelmelodie für die Krimiserie „Monk" besingt: „It's a jungle out there".

Auf der Suche nach Tieren wurde ich auch sehr oft in den Printbiotopen des Blätterwaldes fündig. Und ja, da bewegt man sich tatsächlich in einem Dschungel voller gefährlicher Bestien.

Der Chronikteil der Zeitungen ist quasi die Chill-out-Zone der Medien. Dort findet das von innenpolitischen Querelen, kulturellem Geschwurbel und sportlichen Ärgernissen gemarterte Hirn endlich Erholung. Beim Easy Reading kann man über Schlagzeilen streifen, deren Meldungskerne so wie Mayonnaise hauptsächlich aus Fett bestehen.

Da kann man schon mal die kriegerische Natur postsowjetischer Aggression auch auf die Tierwelt ausweiten: „Russische Bärin sprengt Ferienlager", las ich in einer Tageszeitung. Dynamit war zwar nicht im Spiel, als eine Bärenmutter ein Jugendcamp durchstreifte, aber zumindest sind Kinder auf Bäume geflüchtet.

Berichte über Tiere sind immer ein fixer Bestandteil des Journalismus. Ich vermute, seit Erfindung des Buchdrucks wird in allen Redaktionsplänen für die Sommermonate dick und fett „Gelsenplage" eingetragen. Ein Thema mit Biss, das die Nöte der Bevölkerung anspricht und sehr gut zum weinerlichen Wimmern weichhäutiger Wesen passt.

Offenbar lassen sich unsere steinzeitlichen Feindbilder sehr gut mit grellen Schlagzeilen bedienen. Als erste Nachweise einzelner Individuen der nach Österreich eingeschleppten asiatischen Tigermücke vorlagen, wurde sofort ein neues Schreckensszenario herbeigetextet: „Killer-Gelsen greifen an" schrieb die Gratiszeitung „Österreich". Diese Formulierung war vergleichsweise moderat, die Konkurrenz „Heute" toppte dies durch „Jetzt erobern Todes-Gelsen auch Österreich". Diese Titel blieben dabei auch schon die ganze Botschaft, die Bedrohung wurde dann nur mehr in der Möglichkeitsform beschrieben: „Die Asiatische Tigermücke (Stegomyia albopicta) kann Krankheiten übertragen, an denen man bei unglücklichem Verlauf sterben könnte." Die Entwarnung durch den auf diesem Gebiet führenden Forscher Bernd Seidel, dass es sich nur um nur um ein bescheidenes Vorkommen am Rande von Österreich handle und man sich wirklich keine Sorgen machen müsse, schaffte es bestenfalls in die Rubrik „Kurz gemeldet".

Aber auch auf den Wissenschaftsseiten der Qualitätsmedien spielen Killer - also Personen oder Tiere, die gewohnheitsmäßig und im Auftrag töten - eine große Rolle. Ich vermute, dass man als Redakteur oft unter der Last der Inhalte leidet, die sich nicht so unbeschwert wie eine Chronik-Meldung verfassen lassen. Also schreibt man auch im renommierten Wochenmagazin „Spiegel" statt des sachlichen „Baumschäden durch Fichtenborkenkäfer nehmen zu" lieber „Angriff der Killerkäfer!" Ja, da ist Musik drinnen, auch wenn nicht ganz klar wird, wieso die Holzfresser Mörder sind.

Berichtet das „Wissensmagazin" des „Zeit"-Verlags über Trends in der Elefantenhaltung, dann eröffnet man gerne mit einem lyrischen Oxymoron „Sanfte Killer - Auch die Gutmütigsten töten scheinbar grundlos". Ein Titel voll Dramatik, der auch gut zu einem Italo-Western passen würde.

In Österreich ist, wie in vielen anderen europäischen Ländern, die häufigste Todesursache eine Herz-Kreislauf-Erkrankung. „Killer-Blutgefäße ermorden jeden zweiten Österreicher“, das wäre mal eine diesem Stil entsprechende Schlagzeile, die ich aber bislang vermisst habe.

Pressemitteilungen gibt es wie Sand am Meer. Aber auch diese Körnchen wollen manchmal glänzen und erheben sich dann aus der sprachlichen Wüste der Gebrauchstexte. Die PR-Abteilung der Technischen Universität München verfasst viele und fachlich korrekte Aussendungen, die man mit mehr („Mausbakterien bekommen Familienstammbaum“) oder weniger („Schlüssel zum Selbstzerstörungsmechanismus gefunden“) Gleichmut zur Kenntnis nimmt. Aber dann juckt es die Pressetexter und sie kokettierten mit dem Boulevard. Bei der Schlagzeile „Killer-Shrimp ist besser als sein Ruf“ will man natürlich mehr erfahren. Die Geschichte dahinter löst sich wie bei Gratiszeitungen in wässrigem Nichts auf: Die Leser erfahren dann, dass der 20 Millimeter große Höckerflohkrebs nämlich „kein“ Räuber ist und auch „keine“ heimischen Kleinkrebse frisst. Er verdrängt nur seine Verwandten aus ihren Verstecken, woraufhin diese leichter von Fischen gefressen werden. In dramatisierter Form wird das dann auf die Kernbotschaft reduziert, man habe es hier mit einem bösartigen Charakter zu tun: „Der Killer ist nur ein gemeiner Hausbesetzer.“ Da könnten selbst kleinformatige Zeitungen noch etwas lernen!

Manchmal kann man anhand der Narrative über Wildtiere wunderbar beobachten, wie blitzschnell sich eine Nachrichtenblase aufbläht und wieder in sich zusammenfällt. Folgendes passierte in Montévrain, einem verschlafenen Städtchen in der Nähe von Paris. Ein Frau sieht aus dem Fenster ihres Autos in der Nähe eines Supermarkts ein größeres Tier. Sie hält dieses für einen Luchs, macht ein unscharfes Foto und zeigt es einem nicht näher genannten Experten. Dieser erkennt darauf einen Tiger.

Alarmstufe Rot wird ausgerufen. Zwölf Feuerwehrautos setzen sich in Bewegung, ein Helikopter mit Infrarot-Kamera hebt ab, 200 Feuerwehrmänner, 50 Polizisten und Soldaten und ein zur Bärenjagd ausgebildeter Hund pirschen los, um den „Tiger“ zu finden. Treibjagd funktioniert bei Rehen und Wildschweinen, aber Katzen jeder Art gehen bei Lärm und Stress in Deckung und können sich hervorragend verstecken. Bei Einbruch der Dunkelheit wird die Suche unterbrochen und der Einsatzleiter erklärt gegenüber der Presse fachkundig: „Es ist schwierig, weil das Tier offenbar irgendwo gut versteckt tief geschlafen hat.“ Gemein.

Bei Tagesanbruch geht es weiter und Polizisten bewachen bereits die Eingänge der Schulen. Die Medien haben ihre Schlagzeilen entsprechend aufpoliert und belästigen die Leser nicht mit geografischen Spitzfindigkeiten: „Tigerjagd in Paris“, schreibt der „Spiegel“, „Entlaufener Tiger nahe Disneyland gesichtet“, meint der „Kurier“. Und fast schon poetisch titelt die „New York Times“ über Klauen im Pelzmantel: „Mysterious Visitor, Clad in Fur, Puts Paris on Edge“.

Mittlerweile wird auch schon nach den Schuldigen gesucht. Ein Zirkus wird verdächtigt, dieser beschäftigte aber keine Tiger. Ein nahegelegener Wildpark vermisst auch keine Raubtiere. Dafür gibt es gute Ratschläge: Der Zirkusdirektor empfiehlt für den Fall, dass man einer frei herumlaufenden und ausgehungerten Raubkatze begegnet, vor allem nicht in Panik zu verfallen und dann am besten ganz laut schreien sollte. Und das, wenn möglich, am besten auf Deutsch, weil sich diese Sprache mit ihren vielen Kehllauten gut zur Abschreckung eignet. Mais oui, oh wunderbare Welt der Länder-Stereotypien.

Dann entdeckt ein Autofahrer bei einer 25 Kilometer entfernten Tankstelle einen Pfotenabdruck und plötzlich sind sich alle Experten einig, dass es sich nur um eine gut genährte Katze handeln kann. Suche eingestellt, Schlagzeilen auf „Phantom-Tiger" geändert. Weit gefehlt, wenn man glaubt, solche Tierspektakel gäbe es nur im Sommerloch.

SOMMERLÖCHER

Sommer bezeichnet aus medialer Sicht jene zwei Monate, in denen die gewohnte Ordnung der Gesellschaft aufgelöst wird und der sonst so breite, ruhige Fluss des zivilen Lebens plötzlich zu verdunsten scheint. Wenn uns in den Ferienmonaten Juli und August eine gnädige, informationsfreie Auszeit von den Nachrichtenstürmen des restlichen Jahres erlöst, dann öffnet sich das Sommerloch und die Boulevardpresse widmet sich vor allem solchen Gefahren, denen schwitzende Urlaubskörper durch die Tierwelt ausgesetzt sind.

Leider sind es aber nur selten so positive Nachrichten wie diese Meldung der Regionalzeitung „Oberösterreichische Nachrichten": „Dackel fährt mit Zug von Hallein nach Salzburg".

Viel öfter sind es irritierende Schlagzeilen wie „Mann beißt Python - Tier in Lebensgefahr", die uns ohne weitere und verwirrende Details mit den gefährlichen Seiten des Lebens konfrontieren.

Typische Sommerloch-Schlagzeilen wie „Mann beißt Polizisten: Hund hatte sich geweigert" erzählen bereits die ganze Geschichte, zu der man eigentlich keine Details mehr lesen will.

In kurzen, auf die Überschrift verdichteten Berichten führen uns animalische Attacken das Leben in seiner alltäglichen und xenophoben Dramatik vor Augen: „Deutscher Urlauber von Kuh über Almweide gejagt".

Wahrscheinlich gibt es mittlerweile schon auf Sommerloch-Nachrichten spezialisierte Presseagenturen, die immer absurdere Meldungen erzeugen („100-jähriger überlebt 90 Bienenstiche"), uns mit bedeutungslosen Homestorys bombardieren (Lisi, die joggende Sau) oder gar ganz offen Product-Placement betreiben („Gammel Dansk in dänischem Fluss – 15.000 Forellen blau"). Zu letzter Meldung muss angemerkt werden, dass es sich bei Gammel Dansk nicht um die gleichnamige Hunderasse, den altdänischen Hühnerhund handelt, sondern um einen bitteren Kräuterschnaps.

Aber diese schöne, neue Tradition des sommerlichen medialen Fastens kann auch zeitlose Geschichten von Liebe und Tod, Verdammnis und Erlösung erzählen. Einmal wurde ein imaginäres Krokodil von einer eigens eingerichteten SOKO Kroko in der Drau gejagt, dann streifte die Kuh Yvonne wild und frei durch bayrische Wälder, davor gab es die in ein Tretboot verliebte Schwanendame Petra, das Zottelschaf Shrek und Problembär Bruno.

Bisse spielen offenbar immer eine wichtige Rolle bei der Dramaturgie dieser Geschichten und werden gerne mit den drei zentralen Ts des Journalismus – Tiere, Tränen und weibliche Attribute – kombiniert: „Schlange biss Schauspielerin".

In Fritzlar im Schwalm-Eder-Kreis in Nordhessen gab man am Domplatz den „Jedermann". Die deutsche Schauspielerin Christine Neubauer tanzte dabei mit einer Boa namens Boris – nach eigenen Angaben „zungenkussartig" – auf der Bühne. Das fand die Abgottschlange (der wissenschaftliche Name ist Boa constrictor) offenbar nicht so attraktiv und biss in den Arm der Mimin. Jetzt mögen zoologisch interessierte Menschen einwenden, dass Würgeschlangen doch lieber würgen als beißen wollen. Die Trainerin der schauspielenden Boa erklärte das outrierte Benehmen ihrer Schülerin damit, dass Schlangen durchaus schreckhaft seien und diese nur einen Abwehrbiss gezeigt habe. Gut, dass es dann den Arm und nicht die sich ebenso bedrohlich nähernde Zunge der Neubauer getroffen hat.

BISSIGES

Bei den meisten Säugetieren ist der stärkste Muskel im Körper – in Relation zur Größe – der zubeißende Kiefermuskel. Bei Tieren lässt sich dieser Beißdruck in der Praxis kaum erheben. Welcher Forscher will schon einem Löwen das Messinstrument zwischen die Kiefer schieben? Deswegen wird diese Kraft nur rechnerisch anhand der Abmessungen von Kieferknochen und -muskeln toter Tiere berechnet. Spitzenreiter ist mit 1,8 Tonnen je Quadratzentimeter der Weiße Hai. In Relation zur Körpergröße, mit dem so genannten Beißkraftquotienten, siegt der Tasmanische Teufel mit 52 Kilo je Quadratzentimeter.

Von den vier Muskeln, die zum Beißen verwendet werden, ist nur ein verhältnismäßig schwacher für das Öffnen zuständig. Der so genannte Äußere Flügelmuskel verbindet Keilbein und Unterkiefer und wird immer dann eingesetzt, wenn wir unser Maul aufreißen. Das geht bekanntlich ohne große Anstrengung, während dem Schließen meist Hindernisse entgegenstehen. Menschen können bis zu 500 Kilogramm Druck zwischen beiden Kiefern erzeugen. Das reicht jedenfalls für gekochte Nahrung, im rauhen Wettbewerb der freien Wildbahn müssten wir noch einiges zulegen: Rottweiler beißen mit 1400, Löwen mit doppelt so viel Kraft und Krokodile sogar mit über 11.000 Kilogramm zu. Aber auch Echsen sind beim Schließen ihres Mauls faul und ihre Öff-

nungsmuskulatur schwach. Den Kiefer eines halbwüchsigen Krokodils kann man mit nur einem festeren Gummiband oder mit den Händen geschlossen halten.

GEFÄHRLICHE LÄNDER

Sommer ist auch die Jahreszeit, in der mit der Seele gebaumelt werden kann. Oder soll. Oder muss. Dieses schöne Sprachbild stammt ursprünglich von Kurt Tucholsky, der sich 1926 über jene Norddeutschen mokierte, die sich während ihrer Sommerfrische in Österreich schon damals gerne als alpine Österreicher verkleideten: „Alles baumelte an ihnen, auch die Seele."

Fünf Jahre später griff er dann in seiner Erzählung „Schloss Gripsholm" die Metapher vom sommerlichen Durchhängen wieder auf: „Wir lagen auf der Wiese und baumelten mit der Seele". Dann kam der Krieg, danach der Wiederaufbau und mit ihm die Hochkonjunktur, also Zeiten, in denen jedwede Baumelei entweder Hochverrat oder Geldverschwendung bedeutete. Also duckte sich die Seele tief in die Almwiesen und wartete auf die Ölkrise.

Als man an den amtlich verordneten autofreien Tagen plötzlich wieder viel Zeit zum Baumeln hatte, erinnerte sich die Österreich-Werbung des Zitats, passte die bundesdeutsche Präposition an die alpenländische Grammatik an und schon war es erste Touristenpflicht: „In der Wiese liegen und mit der Seele baumeln".

Mit solchen Botschaften konnte man 1974 noch Urlauber anlocken. Heutzutage undenkbar: gepflegte Langeweile als Freizeit-Höhepunkt. Langeweile gilt mittlerweile wie die Dronte als ausgestorben, da man doch jede inhaltsleere Minute zumindest auf seinem Smartphone herumdrücken und die Welt mit seiner Meinung erfreuen kann.

Touristen werden dabei magisch von „gefährlichen" Ländern angezogen, in denen sie von wilden Tieren gebissen, gestochen, genesselt und sonst wie geschunden werden können.

Auch Österreich will seinen Gästen mehr bieten als Gelsenstiche und Spinnenbisse, setzt aber bei animalischen Übergriffen auf regionale Kost: Im Tiroler Pfunds kam es zu einer „Fuchsattacke", bei der „ein 24-jähriger Teilnehmer eines Abenteuercamps von dem Tier gebissen und in der Innsbrucker Klinik behandelt" werden musste. Abenteuercamp, das spricht für sich! Wahrscheinlich hat ein übermotivierter und bis über die Ohren mit Testosteron abgefüllter Jungmann mit der bloßen Hand einen Fuchs aus seinem Bau gezerrt und wurde beim Selfie-Machen in die Nase gebissen. Nein, weit gefehlt und typisches Vorurteil zum Verhalten unserer sensiblen nördlichen Nachbarn. Was wirklich geschah: Beim Aufwachen sah der Campteilnehmer einen jungen Fuchs vor seinem Zelt, der „davonlief". Dann entdeckte der Abenteurer „am Arm einige Kratzer". Davon offenbar geschockt und völlig regungslos darniederliegend, wurde „der 24-Jährige zunächst ins Krankenhaus Zams und in späterer Folge in die Innsbrucker Klinik gebracht". Blaulicht, Sirenen und volles Programm, als hätte Smaug, der Drache das Tal angegriffen. Letztlich gab es dann nur eine „prophylaktische Impfung gegen Tollwut". Obwohl Österreich – wie man von offizieller Seite sofort betonte – seit 1997 tollwutfrei ist.

Aber der Täter war noch flüchtig, und den Offizialorganen „bereits vor dem Vorfall rund um das Camp aufgefallen". Bekanntlich sind junge Füchse sehr neugierig und noch wenig menschenscheu. Egal, wen interessiert das. Tags darauf konnte man lesen, wie der Schuldige seiner gerechten Strafe zugeführt wurde: „Nachdem der Versuch, das Tier lebend zu fangen scheiterte, wurde es nach Auskunft der Polizei fachmännisch erlegt." Und dann vermutlich vom Tierpräparator zerlegt. Liebe Abenteuergäste: Tirol hat mehr zu bieten als Almrausch und marodierende Rinderherden!

Auch Deutschland steht bei diesem Trend nicht im Abseits. Lange mussten in Mönchengladbach Hundebesitzer und Kleinkindhalter in Angst und Schrecken leben. Aber jetzt ist Kuno tot! Bei der Geschichte über den Killer-Wels konnte man sich weltweiter Aufmerksamkeit sicher sein. Sogar der Sender CNN berichtete darüber. Dieser „Mörderfisch“ (Quelle: „Die Zeit“) hatte angeblich einen Jung-Dackel, der zu nahe am Ufer des Mönchengladbacher Parkteichs paradierte, ins trübe Wasser gezogen und verschlungen. Eine Story, wie sie Medien und ihre Konsumenten mögen: Mord aus dem Hinterhalt, gefährliche sowie unschuldige Tiere und volkstümliches Remmidemmi. Letzteres fand wochenlang an besagtem Teichufer statt, als Anglervereine aufmarschierten, um den hinterfotzigen Hundebabykiller seiner gerechten Strafe zuzuführen. Vor dem nahe gelegenen Restaurant tummelten sich die Reisebusse, der Koch servierte „Kunos Bruder“, Welsfilet in Blätterteig, und der kommunale Pressesprecher polierte für die ausländischen Medien sein bestes Englisch auf. „Yes, the catfish (Anm.: engl. Bezeichnung für den Wels) ate a dog“, wortwitzelte er für eine australische Zeitung. Aber Kuno, der Hundefresser konnte allen Schützenvereinen, Sprengkommandos und Kopfgeldjägern zum Trotz nie der Justiz übergeben werden. Er blieb in den unergründlichen Tiefen des Mönchengladbacher Stadtweihers verschwunden. Hundehalter griffen diese Geschichte für pädagogische Zwecke auf und drohten seitdem ihren unfolgsamen vierbeinigen Freunden mit der Warnung „... sonst holt dich Kuno!“

Der Schrecken hatte erst ein Ende, als seine Leiche nach Jahren im schilfigen Schlick des Ufers aufgefunden wurde. Die Todesursache ist unbekannt, Selbstmord wurde aber von den Behörden ausgeschlossen. Angesichts der stattlichen ein Meter fünfzig Länge und vierzig Kilogramm Körpermasse zweifelten nur mehr die gutmenschlichsten Personen am kriminellen Potenzial dieses Fischs. Als „Deutschlands berühmtester Fisch“ wurde sein Körper nicht zu schnöder Fischsuppe verarbeitet, sondern in der Kunst- und Wunder-Kammer auf Schloss Rheydt ausgestellt. Danach wurde Kuno von einer „Marktführerin für innovative Fischpräparationen“, ausgestopft.

Als ich in meiner Kolumne darüber berichtete und flapsig „Friede seinen Schuppen“ schrieb, bekam ich von einer aufmerksamen Leserin sofort einen Auszug aus dem Brockhaus zugesandt: „Welse sind stämmige Fische mit glatter, schleimiger und vollständig schuppenloser Haut“. Das Adjektiv „schuppenlos“ war mehrfach unterstrichen. Es geht nichts über eine aufmerksame Leserschaft!

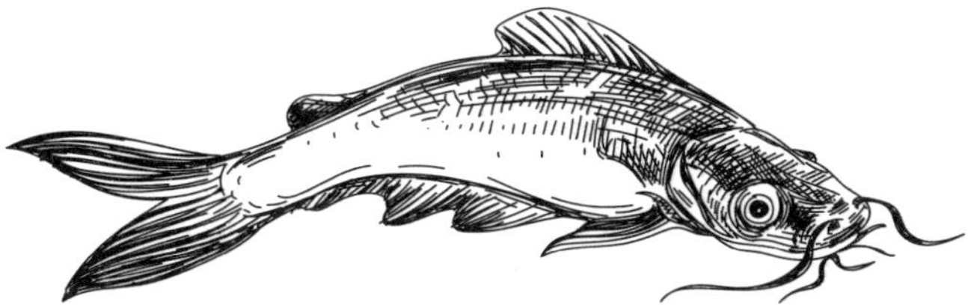

NATURAL BORN KILLERS

„Der Mensch isst gerne Tiere auf / Da kam die Kuh als erste drauf / Drum nennt sie ihren Racheplan – Rinderwahn“ so fröhlich, aber auch richtig singt Max Raabe mit seinem Palast-Orchester über eine offenbare Wahrheit.

Zu den erfolgreichen Überlebensstrategien zählt das Sich-dumm-Stellen. Damit besänftigt man den Aggressor und kann selbst in Ruhe zum Gegenschlag ausholen. Kühe beherrschen diese Technik meisterhaft und werden von uns nur als dumpf glotzende Methangastanks und Schnitzelfabriken auf vier Hufen wahrgenommen. Eine schwere Fehleinschätzung, die sich für immer mehr Menschen tödlich rächt. Kaum beginnt die Freilandsaison, häufen sich auch schon die Meldungen über Kuhattacken. Das Land Salzburg sah sich deswegen sogar veranlasst, ein Merkblatt zur Vermeidung von Konflikten zwischen „provozierten Almtieren und Wanderern“ herauszugeben. Aber hallo! Hier wird wohl der Täter zum Opfer gemacht! Die meisten der Tipps darin waren jedenfalls nur für Bewohner kuhloser Gegenden wie der Artkis neu („Brünftige Stiere nicht streicheln“) oder eher ästhetischer Natur („Grelle Kleidungsstücke meiden“). Auch zur Hochrisikogruppe der Jungtierherden zeigte das Infoblatt nur permissives, antiautoritäres Gut-Rindertum: „Bei diesen Halbwüchsigen stehen vor allem ihre Neugierde, ihr Bewegungsdrang und ihr Übermut im Vordergrund“.

Doch die Rinder haben erkannt, dass sie mit punktuellen Rempeleien auf den Almen keine nennenswerten Fortschritte im Kampf gegen die Menschheit erzielen können und entwickelten eine neue Strategie: Sie – um es mit den Worten der Dichter zu sagen – scheißen auf uns. Dank Massentierhaltung und Hochleistungsproduktion erhalten die Tiere mit dem Futter auch automatisch Antibiotika, um stressbedingte Infektionen zu unterdrücken. So konnten die perfiden Paarhufer mit der Zeit resistente Bakterienstämme heranzüchten, die mit Medikamenten nicht mehr behandelbar sind, wie zum Beispiel das aggressive Darmbakterium EHEC. Durch ebenso subtile Psycho-Manipulation haben uns die wahnsinnigen Wiederkäuer dann dazu gebracht, dass wir ihre Stoffwechselendprodukte auf Felder und Äcker ausbringen und so eine Infektion landwirtschaftlicher Produkte bewirken. Ein fast schon genialer Plan, denn jetzt scheint der Feind im Gurkenbeet zu sitzen und durch erhöhte Nachfrage an „sauberem“ Rindfleisch wird die Kuhpopulation nur noch weiter steigen.

Insgesamt leben schon jetzt etwa 1,5 Milliarden Rinder auf unserer Erde und deren Gesamtmasse ist bereits doppelt so hoch wie die der Menschen. Was rät uns Salzburg in „gefährlichen Situationen: Ruhe bewahren, nicht davonlaufen und mit einem Wanderstock Drohgebärden machen“. Ich bezweifle, dass uns Drohgebärden da noch helfen werden. Denn schon 2014 hat es mehr Tote durch Kühe gegeben als durch

Weiße Haie. In Deutschland wurden in einem Jahr mehr als 10.000 Menschen verletzt, vier davon starben sogar.

Im Agrar- und Tourismusland Österreich werden solche Daten gar nicht erst erfasst, vermutlich aus gutem Grund.

SIE KRIEGEN DICH

Tiere waren schon immer nützliche Helfer im Krieg. Neben ihren bekannten Funktionen als Transportmittel gab es auch immer wieder „originelle" Einsatzzwecke: In Südasien setzte man zum Beispiel Bengalenwarane als Steighilfe beim Überklettern von Mauern ein. Die zwei Meter langen Reptilien krallten sich in den Mauernischen fest. Band man ihnen ein Seil um den Körper, dann konnte sich ein Erwachsener an ihnen hinaufziehen.

Besonders einfallsreich ist auch die US-Navy. Diese trainiert in den Gewässern um Bahrain Seelöwen. Als Begleiter von ankernden Kriegsschiffen sollen die Tiere alle sich nähernden potenziellen Saboteure attackieren. Das feindliche Subjekt wird mit einer klebrigen Signalflüssigkeit markiert, die aus einer auf dem Rücken der Tiere montierten Sonde spritzt. Die feindlichen Taucher können dann von der Wasseroberfläche aus geortet und kriegstechnisch behandelt werden.
Kein Mitleid hat die US-Army mit ihren Veteranen: Circa 4000 Hunde dienten im Vietnamkrieg. Als sich die USA 1973 aus der Region zurückzogen, wurden die Tiere zusammen mit anderem unnützen militärischen Material zurückgelassen. Die Hunde wurden entweder eingeschläfert oder landeten in den Kochtöpfen der ausgehungerten Bevölkerung.

Meister im Tarnen und Täuschen sind natürlich die Geheimdienste. Diese setzen deswegen auch gerne Tierattrappen für ihre Ziele ein. Anlässlich des 40-jährigen Bestehens ihrer

Technischen Entwicklungsabteilung hat sich die CIA zu einer kleinen, aber feinen Ausstellung ihrer schönsten Spionageobjekte durchgerungen. Natürlich sind nur CIA-Mitarbeiter und „Special Guests“ eingeladen. Eines der Highlights ist ein Fisch namens Charlie. Dieser etwas mehr als einen halben Meter lange „Meeresbewohner“ soll mit seiner Gummihaut einem Wels ähnlich sehen und in seinen Bewegungen von einem echten Fisch nicht zu unterscheiden sein. Die Anfrage der Nachrichtenagentur Reuters zu Sinn und Zweck dieses Roboterfischs war den Geheimdienstleuten dann aber doch etwas zu viel an Öffentlichkeit: „‚Charlies‘ Mission ist noch immer geheim, wir können nichts dazu sagen“, hieß es dann aus der Zentrale in Langley. Fische sollen ja auch stumm sein.

Seit den 1950er Jahren wird der Große Tümmler, eine Delfinart, von der US-Navy für militärische Operationen trainiert, um auf Terroristen zu schießen und Spione unter Wasser aufzuspüren. Nachdem einige dieser Kampfdelfine durch den Hurrikan Katrina aus ihren Becken ins freie Meer gespült wurden, macht man sich doch ein bisschen Sorgen, ob diese Säugetiere intelligent genug sind, um zwischen Freund und Feind zu unterscheiden. Jetzt jagen Navy-Seals die Navy-Dolphins.

Im Zweiten Weltkrieg hielt die US-Army 54.000 Brieftauben, die vor allem in der Nacht flogen, um dem Beschuss zu entgehen. Die deutsche Armee wiederum setzte gegen die feindlichen Vögel dressierte Falken ein, die die Brieftauben im Flug attackierten. Aber auch in Österreich gab es von 1958 bis 1974 ein von der Gendarmerie betriebenes Brieftaubennetzwerk. Die Taubenschläge standen auf Berghütten und waren vor Einführung eines Katastrophenfunkdienstes die einzige Möglichkeit, Nachrichten schnell zu übermitteln.

Mit April beginnt die Wettflugsaison bei den 88 österreichischen Vereinen der Brieftaubenzüchter. Die Leistungen sind beachtlich: Bis zu 120 km/h Höchstgeschwindigkeit können die Tauben erreichen und dabei ohne Unterbrechung 1000 km

pro Tag zurücklegen. Dafür brauchen die Vögel nicht mehr als täglich 35 Gramm Mais- oder Sonnenblumenkörner.

In Großbritannien hingegen hatte man immer schon mehr Sinn fürs Skurrile. Da England auch die meisten Taubenzüchter Europas aufweist, kam man in Zeiten des Kalten Krieges auf die formidable Idee, Kamikaze-Tauben auszubilden und sie im Kriegsfall gegen die Sowjetunion einzusetzen. In Geheimdienstdokumenten, die die National Archives in London mittlerweile freigegeben haben, schrieb ein Kommandant der Brieftaubensektion im Luftwaffenministerium: „Tauben können eine Fracht von 60 Gramm 100 bis 200 Meilen weit tragen. Der Radar kann sie nicht entdecken. Tausend Tauben, jede mit einer Sprengkapsel beladen, können für eine ernsthafte und unangenehme Überraschung sorgen, wenn sie in regelmäßigen Zeitintervallen in einem bestimmten Zielort landen." Das verleiht der französischen Redewendung „Hüte dich vor dem Zorn einer Taube" vielleicht eine neue Bedeutung.

Während der Einsatz von konventionellen Waffen pro Quadratkilometer etwa 2000 Dollar kostet, sind biologische Waffen mit nur einem Dollar für die gleiche Fläche äußerst billig. Deswegen züchtete auch die deutsche Wehrmacht 1934 Kartoffelkäfer und warf 15.000 dieser Insekten versuchsweise über dem Gebiet Rheinland-Pfalz ab, um zu testen, ob die Käfer einen Fall aus 8000 Metern Höhe überleben können. Das taten sie, zum Einsatz kam diese Waffe zur Vernichtung der Ernte aber genauso wenig wie die legendäre Rakete V2. Angeblich soll Hitler selbst das Programm gestoppt haben, wahrscheinlich erschien ihm als verbissenem Vegetarier die Idee der Kartoffelzerstörung dann doch zu grausam. Sie hielt sich trotzdem noch bis in die Frühzeit der DDR, als man behauptete, dass die USA dem Arbeiter- und Bauernstaat auf diese perfide Weise die Existenzgrundlage nehmen wollten. Bertolt Brecht dichtete für eine Kampagne, die die Misserfolge der Planwirtschaft anderen, imperialistischen Kräfte zuschreiben sollte: „Die Amiflieger fliegen / silbrig im Himmelszelt / Kartoffelkäfer liegen / in deutschem Feld".

Noch 1938 vermutete der britische Gelehrte und Entomologe J.B.S. Haldane, dass „im nächsten Krieg vor allem Insekten-Plagen Verwendung finden werden". Diese Befürchtung hat sich aber dann doch nicht bewahrheitet. Diese eher skurrile Idee mancher Militärexperten erinnert an die mittelalterliche Kriegsführung eines Richard Löwenherz. Der konnte die Zitadelle von Acre nur dadurch erobern, dass er Bienenstöcke über die Mauern schleudern ließ. Die aggressiven Bienen ließen die gegnerischen Soldaten ihre Verteidigung aufgeben. Klingt eher lustig, aber Krieg ist das eben nicht.

Ein etwas anderes, heranrückendes Heer sorgte jahrhundertelang in Europa für Ängste und Aberglauben: Das Erscheinen einer meterlangen, grau-bleichen Schlange, die langsam, aber unaufhaltsam ihren Weg durch die Wälder suchte, wurde als Zeichen eines nahenden Krieges gedeutet. Tatsächlich besteht diese „Schlange" aus abertausenden kleinen Maden der Fliegenart Sciara militaris, die sich zu einem prozessionsartigen Verbund zusammenschließen und deren silbrige Oberfläche wie ein langsam dahingleitendes Gewässer wirkt. Damals aber war man an zoologischen Details nicht interessiert, sondern benutzte das Auftauchen des Heerwurms als Orakel: Man warf ihm Kleider und Bänder in den Weg und nahm es als gutes Omen, wenn der „Wurm" über diese hinwegkroch. Als Todeskandidaten hingegen galten jene, deren Kleidungsstücken er auswich.

Österreichs Armee mag zwar defekte Eurofighter-Vögel haben, aber bei den pelzigen Soldaten haben wir kanines Personal in Bataillonsstärke: Derzeit werden etwa 250 Militärhunde beschäftigt, davon versehen etwa 100 Kameraden mit Lizenz zu Beißhandlungen ihren Dienst im Militärhundezentrum Kaisersteinbruch. Das – verwaltungstechnisch korrekt geschriebene – MilHuZ rühmt sich, mit über 1800 Hunden die größte Rottweiler-Zucht der Welt zu sein. Die Aufnahmetests sind strikt und zielen auf Hunde mit „guter Nasenleistung und Unterordnungsfreude" ab, wobei Letztere im öffentlichen Dienst generell für alle Lebewesen Pflicht ist.

Das Ende der Dienstzeit eines Militärhundes liegt – wie das MilHuZ schreibt – „je nach Beanspruchung" bei ca. zehn Lebensjahren. Dann beginnt sein Zivildienst als „Privateigentum" des soldatischen Hundeführers. Rente ist für Hunde halt auch nur eine Illusion.

SCHNÜFFLER

„Don't suspect a friend, report him!" hieß es in Terry Gilliams dystopischem Film „Brazil". Das wird dann auch für unsere gefiederten Freunde gelten, dachten sich die Bewohner der libanesischen Siedlung Bint Jbeil und hielten einen Gänsegeier unter dem Verdacht der Spionage fest. Der Vogel fiel auf, weil er am Rücken einen GPS-Sender und am Bein einen Metallring mit der volksverhetzenden Parole „Tel Aviv University Israel" trug. Nach Intervention der UN wurde der Gefangene wieder den Parkrangern der israelischen Gamla Nature Reserve übergeben. Ob dies im Austausch gegen gefangene libanesische Terrortiere erfolgte, wurde von Regierungsseite nicht kommentiert.

Das ist – leider – nur halb so paranoid, wie es sich anhört. In Zeiten des Kalten Krieges investierten vor allem die USA Millionenbeträge in Programme, die Tiere zu Spionen ausbilden sollten. Legendär unter Liebhabern von Geheimdienstpossen ist das Vorhaben „Acoustic Kitty". Mit beträchtlichem chirurgischem Aufwand wurden Anfang der 1960er Jahre winzige

Mikrofone in die Ohren von Katzen implantiert, Funkgeräte am Hals unter die Haut eingenäht und Sendeantennen im Fell bis zu den Schwanzspitzen verlegt. Auf diese Weise wollte man sowjetische Botschaftsmitarbeiter abhören. Der erste Feldeinsatz in Washington scheiterte daran, dass sich die verwanzte Katze nicht an ihre Befehle hielt, auf eine starke befahrene Straße lief und dort sofort von einem Taxi überfahren wurde.

Im Abschlussbericht der CIA wurde festgehalten, dass man Katzen zwar darauf hin trainieren könne, über kurze Distanzen ein bestimmtes Ziel anzusteuern. Dies sei aber unter den Bedingungen eines echten Spionageeinsatzes kaum praxisrelevant. 1967 wurde das 20 Millionen Dollar teure Programm eingestellt.

Die US-Navy hingegen hielt sich noch jahrelang einen eigenen Tiergarten. Der IQ-Zoo wurde von zwei Schülern des Psychologen B.F. Skinner eingerichtet und diente der Abrichtung von Tieren für militärische Zwecke. Am bekanntesten wurden die als Selbstmordattentäter eingesetzten Delfine mit Sprenggürteln. Der pensionierte Zoodirektor meinte vor Kurzem etwas desillusioniert: „Heute hört man Gespräche mit Lasertechnologie ab. Man braucht keine Katzen mehr!“

Facebook-Freunde hingegen wissen: Ein Leben ohne Katzen ist zwar vorstellbar, aber sinnlos.

GEFÄHRLICHER ALLTAG

Der Winter birgt zahllose Gefahren. Beispielsweise – und das ist weithin unbekannt – auch das Füttern von Vögeln. Ein gewisser Mike Madden aus der englischen Ortschaft mit dem schönen Namen Crackpot Cottage in Huddersfield hatte Mitleid mit unseren hungernden, gefiederten Freunden und bezahlte für seine Tierliebe mit einer Halswirbelprellung.

Wie ist so etwas möglich? Als begnadeter Heimwerker wollte er das Angenehme (Beobachten von Vögeln) mit dem Notwendigen (Vogelhäuschen) verbinden und konstruierte für seine Spaziergänge einen speziellen, nennen wir es Hut, auf dem Futter für die Vögel lag. Doch statt federleichter Sperlinge landete auf dieser Narrenkappe ein 700 Gramm schweres Graues Eichhörnchen. Und da sich der Nager von einem Baum fallen ließ, prallte dieses Gewicht mit etwa 30 Stundenkilometern auf Herrn Maddens Kopf. Dieser reagierte darauf in begreiflicher Weise, in dem er sofort zu Boden stürzte und seither am Peitschenschlag-Syndrom laboriert.

Was lernen wir daraus? Erstens: Eichhörnchen halten keinen Winterschlaf und sind daher sehr hungrig. Ihr Überleben hängt wesentlich von der Dicke ihrer Fettschicht und verfügbaren Samen ab.

Zweitens: Das Graue Eichhörnchen (Sciurus carolinensis) ist schwerer, weniger scheu und in England bereits häufiger als das europäische Rote Eichhörnchen (Sciurus vulgaris). 1889 wurden 350 dieser ursprünglich in den USA beheimateten Tiere in Bedfordshire ausgesetzt und haben sich seither in ganz Europa so vermehrt, dass das heimische Rote Eichhörnchen in seinem Bestand zunehmend bedroht ist. Die „Kronen Zeitung" hat deshalb bereits vor einigen Jahren in einer Titelstory auf dieses dräuende Problem der Überfremdung hingewiesen. Eichhörnchenmäßig, in diesem Fall.

Eichhörnchen sind auch sehr germanische Tiere. Auf dem Weltenbaum Yggdrasil läuft das Eichhorn Ratatöskr unaufhörlich auf und ab. Vielleicht nervte das die Germanen oder man wollte Unfällen wie dem von Herrn Madden vorbeugen, jedenfalls gab es bei ihnen zur Sommer- und Wintersonnenwende Eichhörnchenopfer.

Drittens: Auch wenn es Ihnen modisch angesagt erscheint, tragen Sie niemals Hüte.

3.
Menschen kämpfen gegen Tiere

„Hast du nicht Angst, dass dir einmal nichts mehr für deine Kolumne einfällt?“, wurde ich schon oft gefragt. Gerne würde ich da locker antworten: „Lieber ein Angsthase als eine Eintagsfliege.“ Oder den deutschen Schriftsteller Erich Kästner zitieren: „Wenn einer keine Angst hat, hat er keine Fantasie.“ Aber dafür ist meine Angst, mich später in einer Zitatensammlung wiederzufinden, wo hinter meinem Namen „Aphoristiker“ steht, zu groß.

Ich folge dann den Empfehlungen des Verbands der Kolumnenschreiber, der von läppischem Witzeln und schnoddrigen Antworten abrät und verkneife mir den Hinweis, dass es 1,75 Millionen namentlich bekannte Tierarten gibt und ich gerade mal 1200 Kolumnen geschrieben habe.

Stattdessen versichere ich allen, dass ich Ängste sehr ernst nehme. Man könnte sogar sagen, Phobien sind meine Leidenschaft. Ein neues Stück in meiner Sammlung ist die Glucodermaphobie, die Angst vor der Haut, die sich auf dem Kakao bildet, wenn er zu lange steht. Mit dieser bin ich seit meiner Kindheit bestens vertraut, auch wenn Wikipedia dazu etwas abwertend vermerkt: „grammatikalisch korrekt, aber medizinisch irrelevant, weil einzeln aufgetreten ohne Krankheitswert“. Na, aber hallo! Darunter leiden sicher Millionen von Menschen.

So wie unter Arachnophobie. Spinnenangst zählt zu den häufigsten Phobien in Mitteleuropa. Hier kommen auf naturnahen Flächen von viertausend Quadratmetern etwa 1,5 Millionen Spinnen vor. Mit dieser Angst sollte man besser leben lernen.

Auf dem Schulhof lernt man, dass aus schubsen schnell schlagen wird und am Ende einer weint. Aus Angst vor Tieren wird offenbar auch schnell Hass. Dieser langen Blutspur bin ich gefolgt.

„Die Paviane sind alle mehr oder minder schlechte Kerle, immer wild, zornig, unverschämt, geil, tückisch; ihre Schnauze ist ins gröbste Hundeartige ausgearbeitet, ihr Gesicht entstellt, ihr After das Unverschämteste“, schrieb er in seinem „Illustrirten Thierleben“, das beim Bildungsbürgertum breiten Anklang fand. Nein, übertriebene Tierliebe konnte man ihm wirklich nicht nachsagen. Und Unvoreingenommenheit auch nicht, denn Alfred Edmund Brehm, Forschungsreisender und Zoodirektor in Hamburg, wusste, wo Gott wohnt: Gleich neben dem Menschen, und dieser war die absolute Krone der Schöpfung. Im Vergleich mit sich und seinesgleichen zeigten sich alle anderen Lebewesen als feige, stumpfgeistig, böswillig, grausam und potthässlich. Aber das wusste leider noch nicht jeder und deswegen hielt er sämtliche seiner zahlreichen Vorurteile in einem sechsbändigen Lexikon fest, das 1864 erstmalig erschien. Diese Herausforderung war in ihrer strikten Konsequenz mitunter schwierig, aber Brehm erwies sich als großer Demagoge, von dem jeder wahlkämpfende Politiker noch lernen könnte: „Die Nashörner sind zwar nicht die Plumpesten unter den Plumpen, aber doch sehr missgestaltet.“ Damit kein falsches Mitleid mit der monströsen Kreatur aufkommt, musste die Anschuldigung raffiniert erhärtet werden: „Behende Wendungen kann das Nashorn nicht ausführen, und auf den Bergen springt es auch nicht mit der Leichtigkeit einer Gämse herum.“ Mangelnde Gebirgstüchtigkeit ist natürlich ein raffinierter Vorwurf für ein hauptsächlich in flachen Savannenlandschaften vorkommendes Tier.

Wenig herzerwärmend waren auch seine „wissenschaftlichen“ Versuche. In der zweiten, bereits auf zehn Bände angewachsenen Auflage seines „Thierlebens“ setzte er sich auf seine eigene Weise mit der Gravitationstheorie auseinander: „Mir ist es nie gelungen, eine Katze, welche ich mit dem Rücken nach unten hielt, so zu Fall zu bringen, dass sie mit dem Rücken aufschlug.“ Oder er projizierte seine eigenen Charaktereigenschaften auf das Testsubjekt: Nachdem er eine Kreuzotter „mit vorgesetztem Stock" gereizt hatte, konstatierte er bei dieser „sinnlose Wuth" als Wesensmerkmal und empfahl sogleich, allen Schlangen mit einem kräftigen Rutenhieb das Rückgrat zu brechen. Ein ausgezeichnetes Beispiel sinnloser Wut.

Aber diese Brehm'sche Gefühlsregung erscheint harmlos im Vergleich zu dem Zustand, in den manche Mitmenschen geraten, wenn sie an Tiere denken, die sich bei uns einzuschleimen versuchen. Neben dem Wetter steht unter Gartenbesitzern das Thema Schneckenplage ganz weit oben in der sommerlichen Gesprächshitparade. Es ist beängstigend, wenn man mit ansehen muss, wie angesichts der molligen Mollusken in den Augen sozial sonst unauffälliger Menschen ein kaltes Glitzern aufblitzt.

Die Vorschläge zur Problemlösung, die zwischen ihren hassverzerrten Lippen herausquellen, erinnern an den mittelalterlichen Hexenhammer: Einsalzen, rufen die einen, mit der Gabel aufspießen, empfehlen andere. In kochendes Wasser werfen, mit der Schere durchschneiden, durch den Häcksler jagen und dergleichen menschlicher Nettigkeiten mehr. Es ist schon seltsam, welchen Zorn diese Tiere durch den Umstand, dass sie Salatblätter oder Kohlrüben fressen, auf sich laden. Und wie die Damen und Herren Gärtner wohl erst reagieren würden, wenn es blutsaugende Schnecken gäbe? Daran will man gar nicht erst denken.

Die in Wien gebräuchliche Redewendung „das ist mir Schnecken“ hat offensichtlich einen Bedeutungswandel durchgemacht. Dieser Ausdruck stand bislang für besondere Gleichgültigkeit und mutierte jetzt zum Kampfschrei urbaner Gärtner, die mit zorngeschwellter Stirnader als neue Kreuzritter in den Krieg vor allem gegen gehäuselose Weichtiere ziehen. Seltsam daran ist, dass diese Menschen in ihrem sonstigen Leben durchaus für den Erhalt der Tiger Geld spenden, Naturdokus im Fernsehen lieben und sogar vegane Bademode kaufen.

„Die Wellhornschnecke ist nichts als ein Homosexueller der allerschlimmsten Sorte. Dieser warme Bruder unter den Gastropoden, dieser schwule Gehäuseträger, diese kreischende, tänzelnde, schlapparmige Tunte der Tiefe bringt mich einfach zum Kotzen!“ So konterkariert John Cleese in einem „Monty Python“-Sketch die Sexualmoral der Kleinbürger. Möglicherweise wurzelt die überaggressive Haltung mancher Menschen in ihrer Unsicherheit über die sexuelle Orientierung der Schnecken. Die meisten Landschnecken sind Zwitter und haben daher beiderlei Geschlechtsorgane ausgebildet. Und um die Empörung noch zusätzlich zu befeuern, sei nur erwähnt, dass eine bestimmte Art, Ariolimax dolichophallus, nicht nur den relativ längsten Penis aller Lebewesen besitzt (fünffache Körperlänge!), sondern diese Tiere bei der Paarung auch noch versuchen, den Penis des jeweils anderen aufzufressen. So etwas will man offenbar nicht auf seinem Salatblatt sitzen haben.

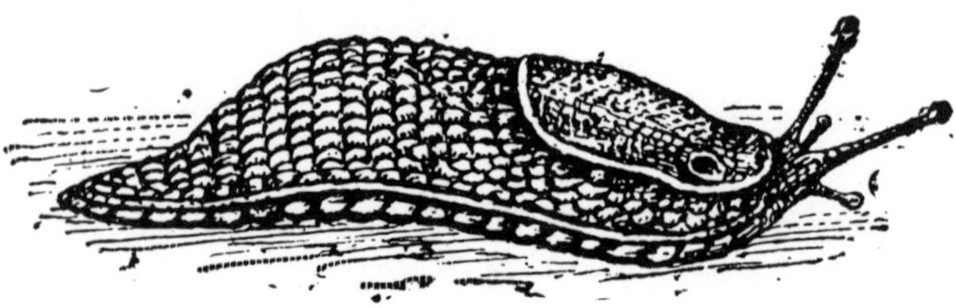

Dabei gäbe es noch viele andere spannende Sachen an diesen Weichtieren zu entdecken: Landschnecken haben eine eigene Technik, um sich auch bei Trockenheit oder Hitze fortbewegen zu können: Dabei berührt immer nur ein Teil ihres Fußes den Boden. Da die Schleimspur der Schnecken dabei unterbrochen aussieht, nennt man diese Fortbewegung bei ihnen dann „hüpfen". Man mag jetzt einwenden, dass man auch ohne Beobachtung der Schneckenspur wisse, ob es gerade heiß ist. Das stimmt, aber wenn man immer gleich die Blaukorn-Kanone auspackt oder diese Tiere voller Wut zertritt, dann verbringt man vermutlich sein Leben auch sonst in blinder Rage.

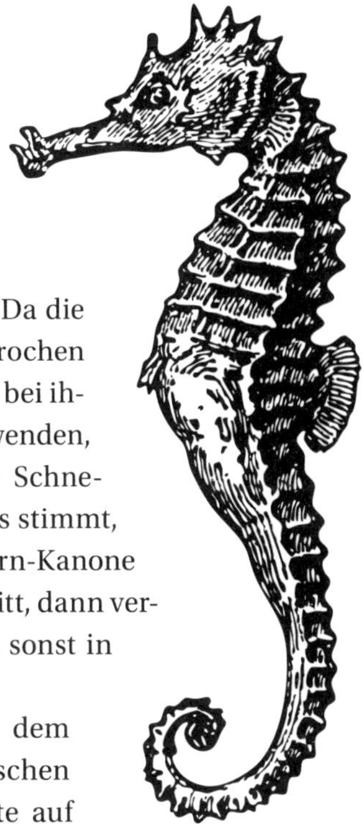

Heini Hediger, Zoologe und nach dem Zweiten Weltkrieg Direktor der Zoologischen Gärten in Basel und Zürich, formulierte auf Grund seiner Beobachtungen ein „Gesetz des anthropomorphen Winkels". Mit dieser Theorie wollte er die menschliche Abneigung gegenüber manchen Lebewesen erklären. Er beobachtete, dass die Besucher in den Tiergärten vornehmlich bei jenen Tierarten stehen blieben, die im gleichen, etwa neunziggradigen Winkel zum Boden wie sie selbst stehen. Einfacher gesagt: Alle aufrechten Tieren wie Affen, Bären, Pinguine, Papageien und Seepferdchen waren Publikumsmagneten, während kriechende Tiere wie Schlagen oder Schnecken eine schlechtere Akzeptanz hatten. Eine sehr vereinfachende Theorie, die sicher nicht für freilaufende Bären gilt. Die senkrecht schwimmenden Seepferdchen haben bei uns jedenfalls einen klaren Bonus, oder gibt es sonst noch einen Fisch, den wir als „lieb" bezeichnen würden?

WEHRT EUCH!

Wer Angst hat, möchte sich auch wehren können. Daher besitzen etwa 300.000 Österreicher knapp eine Million Schusswaffen. Diese Gewehre und Pistolen haben aber einen gravieren Nachteil: Sie helfen nicht gegen Insekten und Spinnentiere.

Leider liegen zur zivilen Aufrüstung gegen sechs- und achtbeinige Gefahren keine amtlichen Daten vor. Das wundert doch etwas, denn es sollen bis zu zehn Prozent der Bevölkerung unter Spinnenangst leiden. Rechnet man dazu noch die Gruppen der Zwangshygieniker („Diese Fliegen waren bestimmt auch auf Hundekot"), Allergiker („Ich schwelle schon an, wenn ich ein Honigbrot nur sehe") und Ästheten („Farblich gehen Motten gar nicht auf einem Eames Lounge Chair"), dann gibt es sicherlich in jeder Familie Betroffene.

Technologisch hat sich seit dem eher steinzeitlichen Zerdrücken zwischen den Fingern im Bereich des Insektenmanagements einiges getan. Methodisch kann man zwischen Fängern, Saugern, Klatschern, Sprühern und Brutzlern unterscheiden, wobei der Trend erfreulicherweise Richtung zerstörungsfreie Geräte geht.

Leicht bedienen lässt sich „Snapy", ein Fanginstrument, das nach dem Papier-unter-Becher-schieben-Prinzip funktioniert. Spiel und Spaß verspricht auch der „Spidercatcher", mit dem man wirbellose Tiere zwischen langen Bürstenhaaren einklemmt. Arachnophobiker seien jedoch vor der im Set enthaltenen „Übungsspinne" gewarnt.

Der elektronische Spinnenfänger erinnert im Design an ein Produkt aus dem Erotikmarkt und will mit „Suck Booster" Insekten einsaugen. Dieser Spaß ist um steife sechzehn Euro erhältlich. Beliebt sind auch Anti-Spinnen-Sprays, die in homöopathischen Verdünnungen angeboten werden. Sie bestehen zu 99 Prozent aus Wasser und kosten dafür feuchte 22 Euro je Liter. Im Beipacktext wird man darauf hingewiesen, dass man bei Anwendung im Freien nie gegen den Wind spritzen sollte. Sehr schlau.

Der „Spinnenvernichter“ hingegen wirbt damit, dass er „Nervensysteme zerstört“. Der darin enthaltene Wirkstoff Permethrin ist in Österreich seit dem Jahr 2000 nicht mehr als Pflanzenschutzmittel erlaubt, darf aber im Nahkampf eingesetzt werden.

Mit den beliebten Hochspannungs-Brutzlern tötet man hauptsächlich seltene Nachtfalterarten, wobei sich auch die Besitzer bei unsachgemäßen Servicearbeiten öfters selbst anbraten. All diese Gadgets zum Töten oder Entfernen von Spinnen und Insekten erinnern an die vielen seltsamen Haushaltsgeräte wie Mangoentkerner, Kiwi-Schäler und Melonen-Schneider, die Bedürfnisse befriedigen sollen, die wir eigentlich gar nicht haben. Wirbellose Tiere greift man am besten so wie Obst an: mit gewaschenen, nackten Händen.

SPEED KILLS

Eating food is more fun,
when you know it was hit on the run.

Werbeslogan des „Road Kill Café", USA

Sonntagabend. Nach einem heißen Sommertag senkt sich jetzt langsam kühle Luft über die Landschaft. Eine Ringelnatter schlängelt sich zum letzten Mal über den warmen Asphalt der Straße. SMACK! Ein Golf GTI erweist sich als fitter und flotter für das Überleben auf der Straße. Montagmorgen. Eine Krähe landet neben den Überresten der Schlange und versucht, ein Fleischstück herauszupicken. TUFF! Der Fahrer des Lkws wundert sich über die schwarze Feder, die sich im Scheibenwischer verfängt. Montag, Mitternacht. Ein Fuchs versucht, den toten Vogel von der Fahrbahn ins Gebüsch zu ziehen. TOCK! Eine unendliche Geschichte. Autofahrer sind mittlerweile eine der wesentlichen Todesursachen für Tiere weltweit. Man schätzt, dass pro Jahr weltweit von Forschern etwa eine Million Versuchstiere, von Jägern zwei Millionen Wildtiere, und durch den Straßenverkehr fast vier Millionen Tiere – diese aber pro Tag! – getötet werden. Dabei subsumiert man unter die Bezeichnung „Tiere" nur jene mit Pelz oder Federn. Eine Studie errechnete, dass allein in Österreich 14 Billiarden Insekten pro Jahr ihr Leben auf Windschutzscheiben beenden. Das bedeutet etwa 3000 Insekten pro Kilometer und Pkw. Doch diese Zahlen gelten nur mehr für die noch relativ insektizidfreien siebziger Jahre.

Die Jagdstatistik erhebt auch die durch Straßenverkehr getöteten Wildtiere. Fallwild heißt diese Rubrik und das liest sich dann so: In der Saison 2016/17 wurden fast 590.000 Stück Haarwild – also alles vom Hirschen bis zum Wiesel – von Jägern erlegt. Autofahrer hingegen brachten 100.000 Tiere zur Strecke.

Überrollte Kleintiere wie Igel oder Frösche werden dabei natürlich nicht erfasst. Man sorgt sich mehr wegen des Verlusts von Wildbret, dessen Wert in zweistelliger Millionenhöhe auf der Straße liegen bleibt.

Als Autofahrer begegnet man, statistisch gesehen, mindestens alle 43 Kilometer einem toten Tier auf dem Asphalt oder, wie es der deutsche Ökologe Josef Reichholff in einer Erhebung zu einer zynischen Kennzahl verdichtet hat: auf jeden gebauten Straßenkilometer kommen 1,55 Hauskatzen pro Jahr.

Deswegen spricht man in den USA auch von „Road Kill", als wären nur die Straßen und nicht autofahrende Menschen daran schuld.

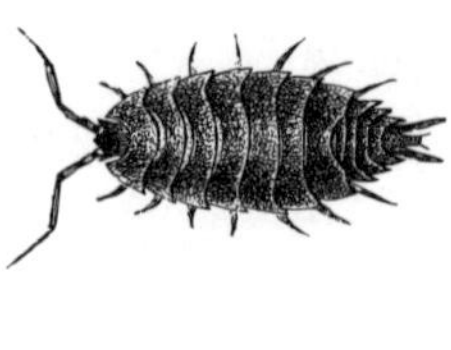

Mark Twain fand ihn langweilig. Für Rosa Luxemburg war er sogar der tödlichste Tag der Woche: Sonntag. Ich hingegen finde Sonntage wunderbar. Und noch wunderbarer sind diese Tage im Wiener Augarten, wo sehr unterschiedliche Menschen öffentlich vorführen, was sie gerne tun, wenn sie nicht arbeiten müssen. Da wird jongliert, balanciert und vielen anderen parasportlichen Tätigkeiten wie Krügelstemmen und Wiese-Flachdrücken nachgegangen. Meine Aufmerksamkeit zog eine Frau auf sich, die einer Gruppe von Menschen wiederholt „Tretet auf die Asseln!" zurief. Und diese stampften mit großer Hingabe und ebensolcher Geschwindigkeit auf den Barockgartenboden. Da alle fitnessbunt gekleidet waren, konnte ich eine Säuberungsaktion des Stadtgartenamts zwar ausschließen, musste aber nach der Stampede in meiner Funktion als Schutzpatron ungeliebter und unterschätzter Tiere nachfragen, wieso hier Asseln zertreten werden sollen. Die Dame, der ein zarter Duft von Pilates und Zumba entströmte, stellte sich als High Intensity Interval-Trainerin vor. Ihr Appell sei nur eine Metapher, um die Teilnehmenden zu motivieren. Und ja, für sie seien Asseln die ekeligsten Bodentiere.

In der kurzen Erholungsphase, in der die Intensivtrainierer hysterisch nach Luft schnappten, hob ich an zur Apologie der Landasseln. Sympathischer werden die Tiere bereits, wenn man weiß, dass ihr deutscher Name aus dem lateinischen Asellus, das Eselchen, kommt.

Außerdem sind das die einzigen Krebse, die außerhalb des Wassers leben können. Über eine spezielle Furche am Unterkörper sammeln sie Kondenswasser und leiten es zu ihren Kiemen an den Beinen. Faszinierend, würde Spock sagen.

Apropos: Wie viele Beine besitzen Asseln? Das ist bei so kleinen Tieren nicht so leicht zu zählen, ist aber eine beliebte Frage bei Quizshows, die sich auch gut für sonntägliche Trinkspiele im Gastgarten eignet. Richtige Antwort: Sieben Beinpaare.

Als ich noch auf die besondere Fähigkeit dieser Tiere hinwies, nie Urin ausscheiden zu müssen, weil sie das giftige Ammoniak lieber als Gas durch ihren Panzer ausscheiden, wandte sich die Trainerin abrupt von mir ab und begann ihrer Gruppe wieder die motivierenden Worte „Tretet auf die Asseln!“ zuzurufen.

Sonntage sind wunderbar. Außer für Asseln im Augarten.

KLEINE FLUCHTEN

„Wie kann man sich über die Welt freuen, außer wenn man zu ihr flüchtet?“ aphorisierte Franz Kafka. Zwei junge Geparden im Tiergarten in Salzburg setzten diesen Spruch in die Tat um und verließen zuerst ihren Käfig und dann den Zoo. Diese kleinen Fluchten stoßen auf überraschend viel mediale und öffentliche Resonanz, wie es auch schon bei der aus der „menschlichen Obhut entwichenen“ deutschen Kuh Yvonne der Fall war. Ihre drei Monate dauernde Flucht vor ihrem vorgesehenen Schicksal auf der Schlachtbank nach einem unerfüllten Leben als Milchkuh sprach offenbar bei vielen Menschen verdrängte Sehnsüchte an. Rebellion gegen das scheinbar Unvermeidliche, eine Phase selbstbestimmten Lebens, mehr als fünf Minuten Berühmtheit und schlussendlich ein abgesicherter Ruhestand ist vermutlich genau jener Eskapismus, von dem alle Bürohengste und -stuten träumen.

Journalisten, die darüber berichten, sind gefordert, möglichst viele Synonyme für das Wort „fliehen“ zu verwenden. Je nach Gemütsverfassung waren diese Großkatzen entflohen, entlaufen, ausgebüxt, entkommen, ausgerissen, abgehauen oder getürmt. In diesen Verben schwingt auch viel Meinung über die Rolle von Zoos mit, die sich je nach persönlichem Standpunkt zwischen Gefängnis und Tierrefugium bewegt.

Am beliebtesten ist in diesen Berichten die Formulierung, dass ein Tier „ausgebüxt" sei. Stiere, Kängurus oder Schlangen „fliehen" in der medialen Berichterstattung nicht, weil dies ja das Eingeständnis eines Festhaltens gegen ihren Willen bedeuten würde. Sondern sie büxen eben aus, so wie ein kleines Kind aus seinem Gitterbett klettert und mit zappelnden Schritten vor seinen Eltern wegläuft.

Diese Meldungen enden dann meistens damit, dass der lustige Freigang in eine – leider – amtswegige Erschießung durch die Polizei mündete.

Als ein Nandu, ein großer südamerikanischer Laufvogel namens „Sissi", aus seinem Gehege in Oberösterreich entkam, bot das den Redakteuren endlich kreativen Platz für Wortspiele („Nandu liefert Feuerwehr und Tierrettung ein Katz-und-Maus-Spiel") und Hintergrundreportagen mit der jagenden Feuerwehr („Wie wir den einfangen, haben wir auch nicht gewusst. Wir haben halt Netze zusammengesucht, die wir zu Hause hatten"). Die Bevölkerung hielt natürlich zur smarten Rebellin, die sich eine Zeitlang jedem Zugriff erfolgreich entziehen konnte und vor ihren Verfolgern immer wieder mit bis zu 60 km/h über die Rübenäcker abzischte. Dieses epische Drama erinnerte fast schon an die zwei Cartoon-Figuren Road Runner und Wile E. Coyote in der Zeichentrickfimserie „Looney Tunes":

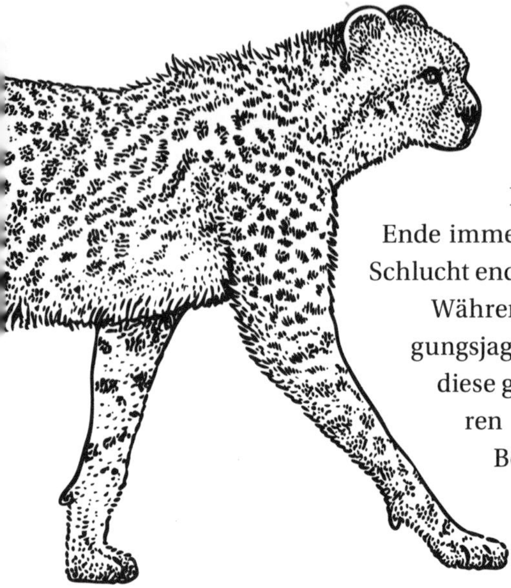

ein flugunfähiger und rasend schnell laufender Vogel entkommt immer wieder dem Kojoten, dessen Jagd für ihn am Ende immer mit einem Sturz in eine tiefe Schlucht endet.

Während der wochenlangen Verfolgungsjagd konnte man sehr viel über diese großen Laufvögel lernen. Sie waren zur großen Überraschung der Besitzer in der Lage, sehr gut zu schwimmen und entkamen so ihrem Gehege, das auf einer Seite nur durch den Fluss Steyr begrenzt wurde. Die Jäger waren erstaunt über die bis zu sechzig Stundenkilometer schnellen Sprints der Nandus, während die Tierrettung wiederum von gefährlichen Tritten mit den klauenartigen Beinen berichtete. „Franz" wurde von seinen Häschern bald wieder geschnappt, aber „Sissi" marodierte weiterhin frei über die oberösterreichischen Rübenäcker. Auch alle Versuche, ihren Partner Franz als Lockvogel einzusetzen, brachten keinen Erfolg.

Wäre die Welt eine Fernsehserie, dann würde sich an dieser Stelle ein passender Cliffhanger für die nächste Staffel anbieten: Franz beginnt in seiner Holzkistenfalle mit der Balz, hält die Flügel ausgebreitet und die Halsfedern aufgestellt. Dazu stößt er den typischen und namensgebenden Laut „nandu" aus. Sissi nähert sich vorsichtig, tritt die Box mit ihren besonderen Nandukräften auf, beide fliehen. Die Verfolger stürzen in eine tiefe Schlucht. Abspann und Trailer für die zweite Staffel, die im Frühjahr beginnt: Nebel lichten sich, ein Ei liegt am Boden …

Aber leider war die Wirklichkeit nicht so hoffnungsvoll: Einem Tierarzt gelang es schließlich, Sissi mit einem Schuss aus dem Betäubungsgewehr zu treffen und in ihren Käfig zurückzubringen. Die Dosis dürfte vermutlich auf Elch eingestellt gewesen sein, denn einen Tag später wurde sie tot in ihrem Gehege aufgefunden. Ein „zu schwaches Herz“ war die offizielle Begründung.

KUNST DES LIEBENS

Aber nicht immer schlagen wir auf Tiere ein, manchmal streicheln wir sie auch liebevoll. Der niederländische Schriftsteller Rudy Kousbroek erstellte dazu eine Liste, in der er Tiere nach ihrer Streichelbarkeit einteilte. Ganz unten finden sich jene Lebewesen, die man auf Grund ihres Körpers (Quallen, Austern) oder ihres Charakters (Piranhas, Zitteraale) nicht liebkosen kann. Darauf folgen Arten, bei denen keine Art der Streichelei irgendeine angenehme Empfindung auslöst (Igel, Schildkröten). Dann kommen Vögel und diverse behaarte Haustiere. Ganz oben obsiegt die Katze als streichelbarstes Lebewesen. Haare spielen bei unseren Vorlieben offenbar eine wesentliche Rolle, obwohl die süßen, wuscheligen Vogelspinnen dann doch wieder nicht so gut ankommen.

Manche Menschen sehen in Tieren aber mehr als nur kuschelige Lebewesen. Der Psychiater Magnus Hirschfeld berichtete, dass einer seiner Patienten „sehr darunter litt, dass er durch die enormen Hinterteile von Brauereipferden sexuell erregt wurde. Wenn er sie sah, hatte er eine Erektion und manchmal sogar einen Samenerguss. Das Schöne an seinem Fall ist, dass dementsprechend stattliche Frauen sein weibliches Ideal darstellten und es ihm außergewöhnliche Freude bereitete, seine Frau mit ihren Jahren immer dicker werden zu sehen.“ Ich kenne da keine genaueren Erhebungen, aber ich vermute, dass Brauereipferde als Subjekte erotischer Begierde nicht mehr so im Trend liegen.

Ein seltsames, zu wenig beleuchtetes Kapitel des Nationalsozialismus ist die demonstrative Tierliebe seiner Funktionäre. Göring, der erklärte Tierversuchsgegner, drohte, jene „in Konzentrationslager einzuliefern, die denken, sie könnten Tiere als leblose Dinge behandeln". Absurder Zynismus oder gezielte Botschaft? Der deutsche Rechtswissenschaftler Johannes Caspar meint, dass die Nazis den in allen Gesellschaftsschichten populären Tierschutzgedanken vor allem als „Placebo-Ethik" benutzten, um die voranschreitende Dehumanisierung zu kompensieren und dem Völkermord einen „kulturellen Rahmen" zu verleihen. Auch die Philosophen Theodor W. Adorno und Max Horkheimer postulierten, dass die Nationalsozialisten ihren Hass gegen Menschen als Barmherzigkeit gegen die Tiere verkleideten. Die Begründer der Kritischen Theorie hatten schon in den 1940er-Jahren in ihrer „Dialektik der Aufklärung" die „Tier- und Kinderfrommheit der Faschisten" angeprangert: „Das lässige Streicheln über Kinderhaar und Tierfell heißt: die Hand kann vernichten. Sie tätschelt zärtlich das Opfer, bevor sie es niederschlägt. Die Liebkosung illustriert, dass alle vor der Macht dasselbe sind, dass sie kein eigenes Wesen haben. Dem blutigen Zweck der Herrschaft ist die Kreatur nur Material."

Treffend wird das durch den Treue- und Gehorsamsbeweis bei der Ausbildung von SS-Soldaten belegt: In manchen Einheiten mussten diese nach Monaten engsten Zusammenlebens mit einem Schäferhund dem Tier vor den Augen ihres Offiziers das Genick brechen.

UNSOZIALE MEDIEN

„Ich hass', was Leute reden / und an ganz miesen Tagen / hass' ich nicht nur das, was / sondern auch, wie sie es sagen", rappte die deutsche Hip-Hop Gruppe „Fettes Brot".

Der Song stammt aus dem Jahr 2001, also noch bevor es soziale Netzwerke wie Facebook gab, trifft aber den Charakter der dort abgesonderten Meinungen sehr genau.

Im beliebten Erregungshafen Facebook geht es auch bei Anfragen zu Insekten heftig zu. Der Herbst könnte eine ruhige Jahreszeit sein, in der man die Sonnenstürme, Nuditäten und anderen sinnlichen Erregungen der Sommermonate überwunden hat und der frische Sturm im Glas für die einzigen wilden Momente sorgt. Könnte sein. Wenn da nicht noch Tiere wären, die trockene und frostsichere Orte suchen und solche oft in Wohnungen finden. Neben Marienkäfern sind es vor den ersten Winterfrösten oft auch Wanzen, die plötzlich an und in den Häusern auftauchen.

Also werden sofort Fotos hochgeladen und von Alarmgeheul und vielen Rufzeichen begleitet: „Die kommen bei uns aus der Wand“, „Die sind jetzt überall in Wien“, „zu Hilfe, Invasion!!!!“

Manche Kommentatoren wissen auch sofort, was Sache ist: „Das sind verdammte ekelige Stinkviecher“, „Die muss man mit der Fliegenklatsche erschlagen“, „mit Gummihandschuh ins Klo und runterlassen“, „Schnaps trinken und sich abbeuteln“.

Nachdem Veteranen, die schon einmal den Feindkontakt überlebt haben, die abgebildeten Tiere als „Stinkwanzen“ bezeichnen, wird echtes Interesse laut: „Was tun die verdammten Wanzen? Stinken die, wenn man sie kaputt macht?“, „welche Art Gift muss man in die Lücke im Fensterstock injizieren?“

Besonnene Tipps (Niemöl, Lavendel) werden von Menschen, die sonst nur im Biomarkt einkaufen, als „kindergartenpädagogische Übungen“ verlacht. Mein Hinweis, es handle sich um die invasive Marmorierte Baumwanze, deren Sekret bloß gleichermaßen ungefährliche wie ungesättigte Aldehyde wie Trans-2-Heptenal enthalte, trägt leider nicht zur Wiederherstellung der inneren Gelassenheit bei.

Facebook ist auch ein Ort, wo ich immer wieder auf sehr kreative Lösungen im Umgang mit Problemtieren stoße. Eine Userin postete, dass sie in ihrem Garten einen kleinen Teich habe. Ihre Zielvorgabe für dieses „Biotop“ orientierte sich an den traditionellen Erziehungsmethoden für kleine Kinder: Diese sollen zu sehen, aber nicht zu hören sein. Nun wurde diese Wasserfläche von diversen Amphibien besiedelt, die diese pädagogischen Vorgaben einfach ignorierten und die Nachtruhe nicht einhielten. Oder wie schon Wilhelm Busch reimte: „Die Unke schreit im Sumpfe kläglich / Der Uhu schläft zwölf Stunden täglich.“ So lange wie dieser Eulenvogel kann die Userin nun nicht mehr ruhen. Da alle Amphibien streng geschützt sind, ist der Dame jegliches Froschvergiften und Laichvernichten im Garten bei Strafe untersagt. Sie sucht nun eine „natürliche Methode, so etwas wie die schneckenfressenden indischen Laufenten“ und fragt an, „wo man Störche mieten“ könne.

Diese Idee klingt nach einer neuen Variante der barocken Hetztheater im Kleingarten, zu der man seine Nachbarn in gesellige Runden einlädt und auf die Kämpfe der Störche gegen Frösche wettet.

Auch bei der Diversifizierung des drolligen Begriffs „Problembär“ hat sich einiges getan: Das Wort „Problembär“ wurde seit Jahren nur mehr für übergewichtige Männer verwendet, die in farbenfrohen Strickwollpullis an öffentlichen Orten ihrer Ex-Freundin nachweinten.

Als aber Anfang der 1990er Jahre ein „Ötscherbär“ durch Niederösterreich und auch die Medien wanderte, erklärte der ehemalige Moderator der ORF-Fernsehsendung „Inlandsreport“, Helmut Brandstätter, „Problembär“ scherzhaft zum „Wort des Jahres“. Dann kam im Jahr 2006 Bruno, der Braunbär und stellte einen Asylantrag in Bayern. Dort war man darüber nicht froh und plante, diesen abzuschießen. Der öffentliche Aufschrei war groß und der damalige bayerische Ministerpräsident Edmund Stoiber sah sich zu einer Bärenbestimmung gezwungen: „Wir haben einen Unterschied zwischen dem normal sich verhaltenden Bären, dem Schadbär und dem Problembär. Und es ist ganz klar, dass dieser Bär ein Problembär ist".

Nicht viel später wurde Stoiber selbst zum Problem und verschwand im Unterholz der Politik.

Eine schöne Aufstellung, wie man Tiere verfolgen kann, bietet eine Verordnung der Stadt Olney in Illinois, USA. Die dort heimischen Albino-Eichhörnchen wurden unter Schutz gestellt, da es immer wieder zu Übergriffen durch die Bewohner kam. Nun sind folgende Tätigkeiten an den Eichhörnchen verboten: „hunt, shoot, pursue, lure, kill, destroy, capture, gig, spear, trap, trample, ensnare or harass". Wer alle dreizehn Verben auf Deutsch übersetzen kann, wird Vokabelmeister.

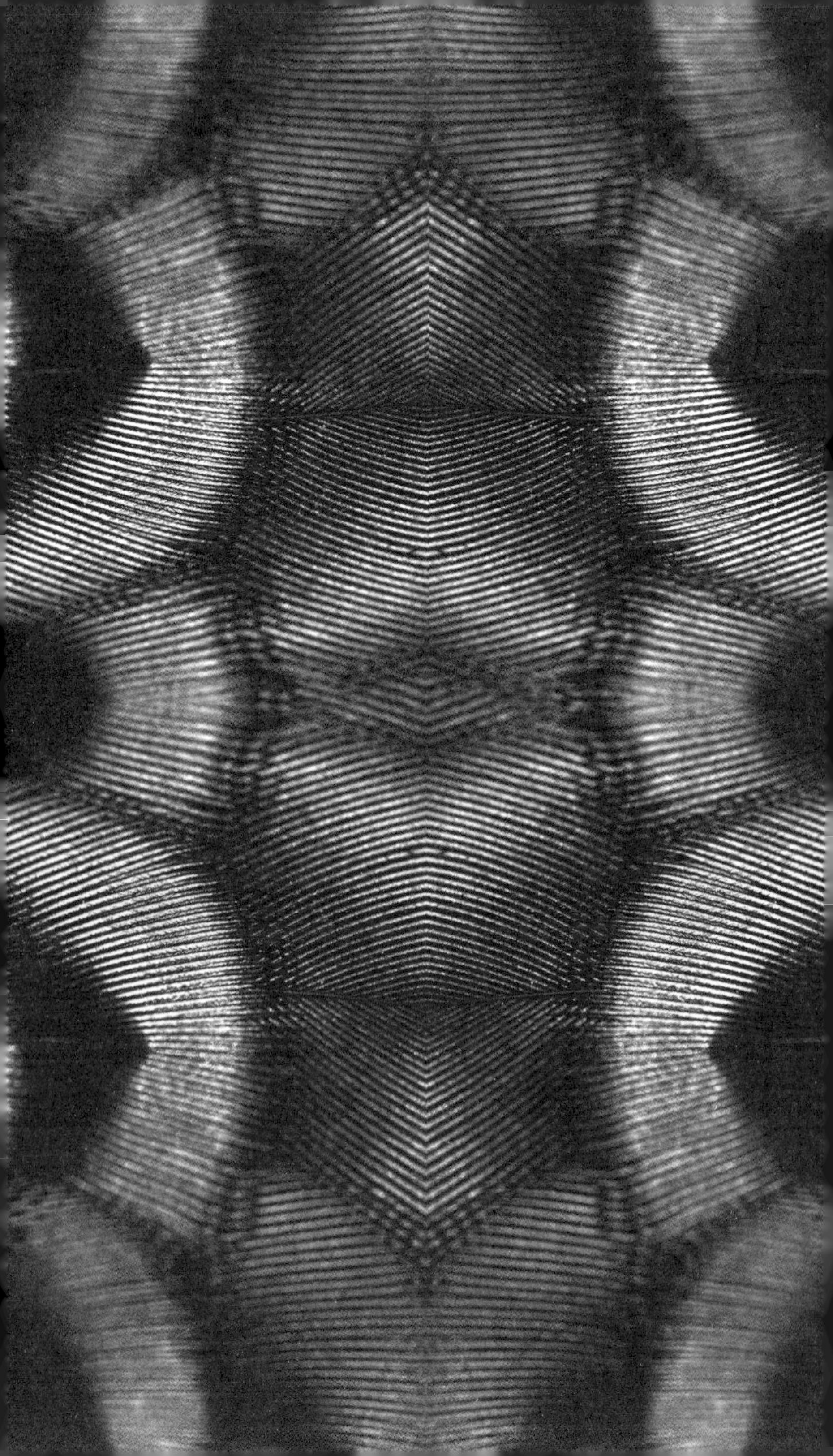

4.
Tiere und Kunst

Bilder haben mich immer fasziniert. Ich konnte schon als Kind stundenlang in den Büchern meiner Eltern mit Abbildungen von Gemälden alter Meister versinken. Meine Mutter meinte, die Gemälde von Rubens, dem Maler nackter Frauenhaut, seien nichts für mich und gab mir stattdessen einen Band des flämischen Tiermalers Frans Snyders. Die dramatischen und auch grausamen Jagdszenen mit Hirschen, Bären und Ebern gruselten und faszinierten mich mit ihrer detailgetreuen Darstellung.

Weniger gern gesehen war es, wenn ich Comics nach Hause brachte. Auch hier waren die Figuren Tiere wie Donald Duck, Fix und Foxi oder Tom und Jerry.

Viele Künstler wurden von der sequenziellen Erzählweise und der Verschränkung von Text und Bild im Comic beeinflusst. Der mit hyperrealistischen Gemälden als „Schockkünstler“ bekannt gewordene Gottfried Helnwein meinte zu jenem Tag, an dem ihm sein Vater ein Bündel der ersten deutschen Micky-Maus-Hefte mitbrachte: „Als ich das erste Heft öffnete, fühlte ich mich wie einer, der bei einem Grubenunglück verschüttet worden war und nun nach Tagen der Finsternis wieder ans Tageslicht trat. (...) Hier traf ich auf jenen Mann, der mein Leben verändern sollte, von dem der österreichische Poet H.C. Artmann einmal meinte, dass Donald Duck der einzige Mensch ist, der uns heute noch etwas zu sagen hat.“

Diese Lesereisen zwischen Hoch- und Trivialkultur und meine Lust am Betrachten neuer Bildwelten führten mich auch immer wieder ins Kunsthistorische Museum in Wien, das dem Naturhistorischen Museum genau gegenübersteht. Dort lernte ich einige Kunststudenten kennen, die neben ihrem Studium auch als Museumspädagogen arbeiteten.

Hier begegnete ich auch wieder dem Bild „Der Fischmarkt“ von Frans Snyders. Ich versuchte, den Kunsthistorikern die darauf abgebildeten Fische und Meerestiere näherzubringen und diese wiederum erzählten mir dafür von der Spezialisierung der niederländischen Künstler auf bestimmte Themen ihrer Stillleben. Hier begegneten sich zwei Blickwinkel auf die Welt, die unterschiedlicher nicht hätten sein können. Skeptisch, aber auch neugierig wurde bei einem Besuch in der Gemäldegalerie Albertina mein ausschließlich zoologischer Zugang zu Albrecht Dürers Aquarell eines Feldhasen aufgenommen.

Dürers Feldhase gehört nicht ohne Grund zu den Ikonen bildender Kunst: Vor dem Jahr 1502 hatte noch nie jemand so detailgetreu und naturalistisch ein profanes Lebewesen wie dieses Nagetier dargestellt. Deutlich erkennt man die zwei verschiedenen Haartypen des Fells: oben die steiferen Grannen mit schwarzen Spitzen, unter denen die flauschigen Wollhaare hervorblitzen. Unter Kunsthistorikern wurde erörtert, ob Dürer seinerzeit ein lebendes Tier portraitiert hatte. Seine Körperhaltung entspricht jedenfalls dem Verhalten in freier Wildbahn, wo sich Feldhasen tief in Bodenmulden drücken. Dabei legen Sie aber ihre langen Ohren an den Rücken, Dürers Hase hingegen hat die Löffel hoch aufgestellt.

Ein besonderes, nicht sofort erkennbares Gestaltungselement verleiht den dunklen Pupillen des Hasen lebendigen Glanz: im rechten Auge spiegelt sich ein Fensterkreuz. Dies beeinflusste zahlreiche Künstler und selbst Walt Disney ließ die Augen der zweidimensionalen Mickey Mouse durch diesen Trick plastischer erscheinen.

Im Museum geht es Hasen gut. Anders die Situation in der Natur. Im Freiland können Feldhasen maximal zwölf Jahre alt werden, in der Realität überlebt mehr als die Hälfte der Hasen das erste Jahr nicht.

Bald wurde daraus ein Nebenjob während meines Studiums und ich konnte mit pubertierenden Schulkindern interessante Gespräche darüber führen, welche Gemälde „schön" sind, und ob das Wort Kunst von können kommt. Genauso wie bei Naturführungen versuchte ich ihnen beizubringen, dass – anders als im bekannten Zitat von Antoine de Saint-Exupéry – das Wesentliche für die Augen sehr wohl sichtbar ist.

Mich hat diese Grenzüberschreitung zwischen den scheinbar so gegensätzlichen Bereichen Natur und Kultur nie losgelassen und ich habe über die Jahre eine kleine Sammlung oft dramatischer Kollisionen angelegt.

1936 genügte es noch, dass die Surrealistin Meret Oppenheim eine Tasse mit Pelz überzog, um ein bürgerliches Publikum zu schocken. Bei Hermann Nitsch wurde der Aktionismus dann blutiger und zum sicheren Skandal. Tierschützer gehen noch immer auf die Barrikaden, wenn Tiere „zum Spaß" geschlachtet werden. Als ob Kunst spaßig wäre. Ganz im Gegenteil: Der österreichische Künstler Wolfgang Flatz ließ sich 2001 parallel zur Berliner Love Parade nackt und blutend von einem Baukran abseilen, während gleichzeitig ein bereits geschlachtetes Rind namens Bodo aus 40 Metern Höhe in eine Grube auf einem Baustellengelände fiel und am Boden explodierte. Eigentlich wollte er damit die alpine Praxis der Entsorgung abgestürzter Kühe per Dynamit thematisieren, aber dieser Aspekt ging im medialen Getöse erregter und selbstberufener Kunstkritiker unter.

Die Grenzen des „guten Geschmacks" sind bei der Integration von Lebewesen in künstlerische Aktionen immer schnell erreicht. Als Gottfried Bechtold von der Galerie

Lisi Hämmerle ein – wohlgemerkt – bereits totes Schwein mit einer Dampfwalze überfuhr, schien die Gesellschaft nur aus überzeugten Veganern zu bestehen, die sich noch nie gefragt haben, unter welchen Umständen Tiere sonst gehalten werden und in Schlachthöfen zu Tode kommen.

Manchmal müssen sich auch die Gerichte mit den Grenzen der Kunst auseinandersetzen. Der dänische Künstler Marco Evaristti hatte in der Ausstellung „Zerstörte Welten" im Kunstraum Dornbirn zehn Goldfische in funktionstüchtigen Küchenmixern gehalten. Mit der Aktion wollte Evaristti nach eigenen Angaben nachvollziehbar machen, dass der Mensch über die Natur, über Leben und Tod entscheidet.

Ein Besucher hatte den Mixer angestellt, die Goldfische darin waren naturgemäß verendet. Daraufhin erstattete der Österreichische Tierschutzverein Anzeige bei der Staatsanwaltschaft und argumentierte, dass die Freiheit der Kunst dort ende, wo Lebewesen Schaden nehmen.

Der Profanisierung der Kunst trat schon Goethe entgegen. Das romantische Drama „Der Hund von Aubry" hatte ebenfalls einen tierischen Helden: Nero, ein Pudel, spielt eine Dogge, die den Mörder ihres Herrn Aubry stellt, kämpft und rächt. Toller Plot, gute Stunts, schnelle Action, kurzum: ein Publikumserfolg. Aber Goethe konnte Hunde nicht leiden und hatte deswegen ein Theatergesetz erlassen, das die Anwesenheit von Hunden im Schauspielhaus strikt untersagte. Hundefreunde intervenierten beim Großherzog Carl-August und dieser genehmigte die Aufführung. Goethe war empört und kündigte seinen Rücktritt als Theaterdirektor an, falls ein Hund ihm seinen Gral vergraulte. Der Herzog, selbst passionierter Hundefreund, nahm die Kündigung an. Johann Wolfgang reiste ab, während Pudel und Schauspiel noch 15 Jahre lang von Stadt zu Stadt tourten. Schiller dichtete daraufhin: „Der Schein soll nie die Wirklichkeit erreichen, / und siegt Natur, so muss die Kunst entweichen."

Eine weitere Idée fixe, die seit Jahrzehnten immer wieder auftaucht, ist jene von den Kühen, die bei Beschallung durch Mozart mehr Milch geben. 1993 untersuchten der Physiker Gordon Shaw und die Psychologin Frances Rauscher von der University of California die Auswirkungen einer Hörprobe auf Studenten. Dabei erzielte jene Gruppe, die Mozarts Klaviersonate in D-Dur gehört hatte, ein signifikant besseres Ergebnis beim Intelligenztest. Eigentlich ging es dabei nur um ein neues Gehirnmodell zur räumlich-zeitlichen Verarbeitung von Information, man wollte keineswegs die angebotene Musik bewerten. Doch die Ergebnisse dieses „Mozart-Effekts" wurden von der Landwirtschaft aufgegriffen: 1998 führte die Landesvereinigung der Milchwirtschaft Nordrhein-Westfalen einen Versuch durch, bei dem Rindern jeweils einen Tag lang verschiedene Melodien vorgespielt wurden, und verglich den Milchertrag mit einem musiklosen Tag. Das Ergebnis: die Kühe gaben bei Mozarts „Kleiner Nachtmusik" 0,6 Prozent mehr Milch. Bei Songs der Rockband „Die Toten Hosen" verringerte sich der Milchfluss. Volksmusik von den „Wildegger Herzbuben" bestraften die Rinder sogar mit 2,5 Prozent weniger Milch als am Kontrolltag. Seitdem finden sich regelmäßig Meldungen über weitere Studien zur Erhöhung der Milchproduktivität

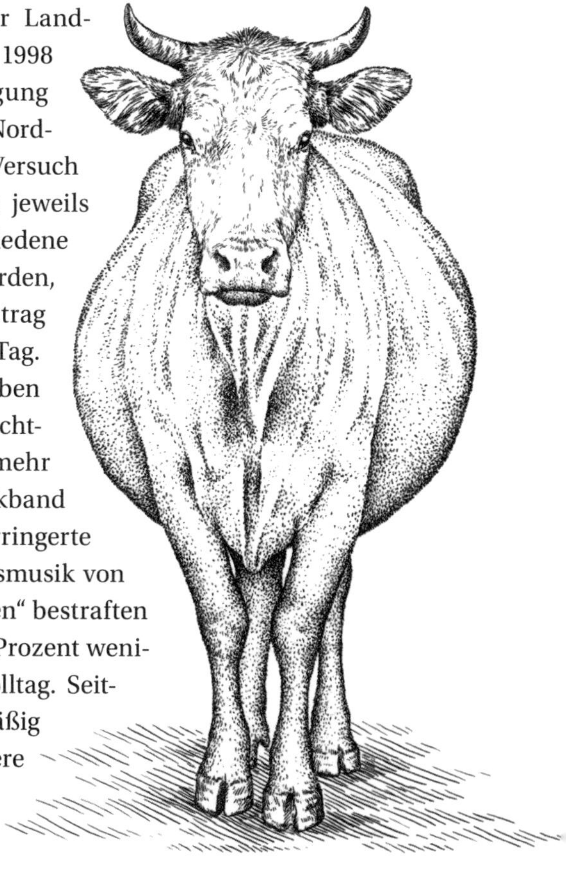

durch klassische Musik. Eine Studie, die wiederum diese Studien untersuchte, kam jedoch zum Schluss, dass die Musik nicht auf die Kühe wirke, sondern auf die Leute an den Eutern, die bei Musik nach ihrem Geschmack besser und länger molken.

Ein ganz anderes musikalisches Problem hatte der Berliner Künstler Wolfgang Müller. Er konzipierte für die Galerie „Katze 5" eine Ausstellung namens „Hausmusik. Stare singen Kurt Schwitters". Daraufhin erhielt Müller vom Nachlassinhaber eine Abmahnung wegen Urheberrechtsverletzung. Denn Stare sind spottende Vögel, die fremde Klänge imitieren. Wenn sie Schwitters beim Übern seiner „Ursonate" die Töne abgelauscht und über Generationen hinweg von Star zu Star weitergegeben hätten, dann sei dies genehmigungspflichtig. Da unklar war, ob nicht Schwitters seinerseits bei der Komposition Elemente von Starengesang verwendet hatte, zog man die Klage zurück.

Aber auch die Bildenden Künste können für internationale Proteste sorgen. Die Installation des 1976 verstorbenen belgischen Künstlers Marcel Broodthaers zeigt zwei kleine Palmen, einen Kassettenrekorder, der das Gedicht des Künstlers „Moi je dis" repetiert. Dazwischen sitzt in einem goldenen Käfig ein Graupapagei. Dieser Vogel lebt und ist damit der Naturanteil in diesem mit 210.000 Euro gehandelten Kunstwerk. Naturschutzorganisationen protestierten weltweit und wollten das Tier durch eine Art Roboter ersetzt wissen. Kunstkenner hingegen sahen einen neuen Bildersturm kommen, sprachen von „Faschismus". Jan Hoet wiederum, Direktor der Genter Kunsthalle, meinte dazu, dass „ein Museum einer der besten Orte ist, wo ein Papagei leben kann. Es schaut dort sogar ein bisschen so aus wie in einem Zoo." Erwähnen sollte man noch, dass das Werk 1974 erstmals ausgestellt wurde und das Museum jede Antwort auf die Frage, wie oft der Papagei bereits erneuert wurde, verweigert hat.

KUNSTLICHT

Offenbar erregt es auch den Volkszorn, wenn Menschen ihrerseits Tiere imitieren.

Paul Hurley, ein britischer Aktionskünstler, stellte 2004 in der Serie „Becoming an Invertebrate“ einen Regenwurm dar. Als er eingehüllt in Frischhaltefolie eine Woche lang in einem lockeren Erdhaufen lag, an feuchtem Laub knabberte, Staub schluckte und sich durch den Untergrund grub, katapultierte er sich damit weltweit in die Medien. Kunstwächter und Naturschützer waren in seltener Einigkeit verbunden und die Zeitungen wetteiferten um die originellste Schlagzeile. Der ORF titelte mit der falschen Tierart „Ein Künstler macht sich zur Schnecke“, während das deutsche Magazin „Der Spiegel“ mit feinerer Klinge austeilte und ein Zitat des Alt-Bundeskanzlers Willy Brandt als Überschrift verwendete: „Es wächst zusammen, was zusammengehört“. Treffen sich zwei so antagonistische Kräfte wie Kunst und Natur, dann geht es eben heftiger zu als beim Münchner Oktoberfest.

In den Boulevardmedien fand sich dazu die Schlagzeile „Künstler lebt als Erdwurm in Matschloch“. „Matschloch“ ist wohl eine eher ungelenke Übersetzung von „muddy holes at the meadow“, aber mehr als ein Gaudium für das feixende Volk sollten die diversen Kurzmeldungen in Gratiszeitungen auch nicht bieten.

„Gerade beim Begriff ‚Wurm‘ denkt das Volk zoologisch sehr ungenau“, schrieb der Kulturhistoriker Rolf Schenda in seinem Buch „ABC der Tiere“. Denn ein Wurm ist kein besonderes Tier, sondern bezeichnet bloß die äußere Form. So wird im Allgemeinen jedes Lebewesen genannt, dessen Gestalt langgestreckt, beinlos und ohne vom Körper abgesetzten Kopf ist. Zoologen unterscheiden da sehr pedantisch zwischen Platt-, Saug-, Schlauch-, Schnur-, Faden- und Ringelwürmern.

Der Künstler Paul Hurley stellte jedenfalls in einer von drei verschiedenen Aktionen in der Serie „Becoming an Invertebrate" einen „earth worm" dar, was von allen, die über basales Volksschulenglisch hinausgekommen sind, als Regenwurm übersetzt wird. Dieser heißt ja weder auf Deutsch Erdwurm noch im Englischen „rainworm".

Aber wir wollen hier ja nicht nur die Übersetzung tadeln, sondern vielmehr die Informationskultur selbst. Diese ganze Aktion war eingebettet in ein Strukturförderungsprojekt in Devon, dem tiefsten England, wo sich die Kühe – bevor sie arbeitslos wurden – Gute Nacht sagten. Eine leer stehende Molkerei wurde für den Galeriebetrieb adaptiert und seitdem kann man dort kreuzbrave Keramiken, hübsche Malereien und sonstigen Kunsttand erwerben. That's all, folks. Zumindest, wenn es nicht Mr. Hurley gäbe, der mit seiner Aktion weltweite Bekanntheit erlangte. Die aus der Umgebung angekarrten Schulkinder wollten mit ihm sprechen, aber er gab in seiner Wurmexistenz natürlich keine Antwort: Würmer sprechen schließlich nicht.

Zoologisch war das jedenfalls ganz korrekt.

EULENSPIEGEL

„Wer hat die Eule nach Athen getragen?", fragt der griechische Dichter Aristophanes in der Gesellschaftssatire „Die Vögel". Athen war damals bekannt für seinen Reichtum und der Wappenvogel der Stadt, der Steinkauz, war auf alle Münzen geprägt. Wer also seine Münzen, die sogenannten Eulen, in Athen ließ, tat etwas eher Unnötiges, nämlich Geld an einem Ort abliefern, wo es davon bereits genug gab.

Offenbar scheint diese Redensart den Künstler Ottmar Hörl inspiriert zu haben, der für die Olympischen Spiele in

Athen 10.200 Kunststoff-Eulen zu einer Bodenskulptur formierte. Ein 4000 Quadratmeter großer „Eulen-Hain“ sollte entstehen, der „in Form und Farbgebung die fünf olympischen Ringe in Quadrate verwandelt“. Bloß wozu? Hörl im O-Ton: „Ich will (...) etwas Bekanntes auf unbekannte Art inszenieren und damit einen kreativen Prozess schaffen.“ Offenbar eine Idée fixe des Kunstprofessors, denn diesem Konzept getreu hat er schon Nürnberg mit Dürer-Hasen und Bayreuth mit Wagner-Hunden zugepflastert.

Was sagt das Volk? Das ist natürlich begeistert, denn es liebt gegenständliche Kunst mit einfacher Botschaft und erfreut sich, wenn es mehr vom Gleichen gibt. Oder, wie es Andy Warhol formulierte: „Tausend Monroes sind besser als eine.“

Auch aus Sicht des Marketings kommt es durchaus auf die Menge an. Da können praktischerweise 10.200 Figürchen an mehr oder weniger wichtige Sportfunktionäre, Politiker und Vorstände der Sponsorenfirmen überreicht und verschenkt werden.

Die Plastikfiguren selbst verströmten den Charme eines aus der Alufolie gepellten Schokolade-Osterhasen, der aus der gleichen Pressform wie die weihnachtlichen Schoko-Nikoläuse stammt. Offenbar wurden bei dieser „Eule“ sämtliche dreizehn europäischen Eulenarten zu einer quasi idealtypischen Figurine verschmolzen, die einem Steinkauz nur entfernt gleicht. Dabei haben diese kleinen Eulen das Stadtbild in

Athen vor 2000 Jahren ziemlich geprägt und waren beinahe so zahlreich wie Stadttauben heute bei uns. Denn im Unterschied zu anderen Eulen kann man Steinkäuze auch während des Tages sehen.

Was hätte Ottmar Hörl bloß gemacht, wenn die Olympischen Spiele in Paris stattgefunden hätten? Im Französischen heißt diese Redewendung nämlich „Emporter des femmes à Paris - Frauen nach Paris tragen".

Der deutsche Künstler Karl-Friedrich Lentze wollte unter dem Titel „Auch Hunde brauchen Liebe" in Berlin ein Hunde-Bordell eröffnen. Sein Rüde namens Karlchen betreibe zwar viel Sport, sei aber sexuell unausgelastet und sollte in dieser neuen „Hundebegegnungsstätte" seine Bedürfnisse befriedigen können. Natürlich war diese Idee mehr der Kunst verpflichtet als ein tierfreundliches Anliegen. Denn Lentze ist Konzeptkünstler, der durch provokante Aktionen die Tabuthemen der Gesellschaft ausloten und aufzeigen will. Er hat bereits den Papst vor dem internationalen Gerichtshof verklagt, versuchte ein Restaurant zu eröffnen, das Muttermilch und Urin anbietet und wollte in sein animalisches Stundenhotel auch schwule und lesbische Hunde und Hündinnen einladen. Man sollte meinen, dass die Absicht zu erkennen ist, dennoch warf ihm der Sender n-tv in einem Interview vor, sich mit diesem „Hundepuff" bereichern zu wollen. Die Idee scheint also doch zu greifen, bloß neu ist sie nicht. Schon 1976 inserierte ein New Yorker Künstler namens Skaggs, dass er ein „Cat House for Dogs" eröffnet habe. Die Aufregung war groß, als WABC-TV eine Dokumentation sendete, die Skaggs als öligen Dog-Pimp zeigte, einen Zuhälter, der unschuldige Hündinnen für Geld skrupellos ausbeutete. Das rief diverse religiöse Gemeinschaften und Tierschutzorganisationen auf den Plan und endete mit einer Klage durch den Generalstaatsanwalt. Skaggs konnte einem Verfahren nur dadurch entgehen, dass er die Aktion als konzeptuelle Kunstaktion offenlegte und die Idee widerrief. Pech für den Sender, denn die Doku war bereits für den Emmy-Award nominiert.

Vielleicht erzürnt uns nicht so sehr die Anwesenheit von Leben in der Kunst, als vielmehr die Konfrontation mit dem Tod. Der britische Künstler Damien Hirst wurde 1991 mit einem in Formaldehyd eingelegten Tigerhai berühmt. Der Behälter mit dem toten Hai trägt den Namen „The Physical Impossibility of Death in the Mind of Someone Living" und wurde wie in einem Naturkundemuseum präsentiert. Im Kontext der Kunst wurde die Skulptur zu dem ikonischen Sinnbild der Vergänglichkeit, das die zweite Hälfte des zwanzigsten Jahrhunderts in der Kunst hervorgebracht hat. Auch andere Werke des Künstlers konfrontieren die Besucher mit einem „Memento mori!" Zum Beispiel seine Installation „A Thousand Years", in dem Myriaden von Fliegen einen Rinderkopf umschwirren und diesen – sehr zum Leidwesen der Museumskonservatoren – langsam verschwinden lassen.

Manchmal genügt es bereits, wenn Tiere nur bildhaft in einem Kunstwerk vorkommen, um öffentlichen Aufruhr zu provozieren. Das Museum für moderne und zeitgenössische Kunst, das „Museion" in Bozen, musste 2008 das Werk „Zuerst die Füße" des 1997 verstorbenen deutschen Künstlers Martin Kippenberger nach massiven Protesten abhängen. Medial bekannt geworden ist das Werk nur als „gekreuzigter Frosch". Bemerkenswert ist in diesem Fall, dass sich dazu der in der Kunstkritik sonst durchaus zurückhaltende Papst Benedikt zu Wort meldete und das Werk beanstandete.

Viel freundlicher hingegen wird es, wenn Kunst *von* Tieren gemacht wird. Der über die Grenzen Österreichs hinaus bekannteste Star war die Orang-Utan-Dame Nonja, viele Jahre Artist in Residence im Zoo Schönbrunn. Im Rahmen des üblichen

Beschäftigungsprogramms für Menschenaffen fanden in Begleitung eines Tierpflegers Malstunden statt. Nonja, die eine individuelle Vorliebe und Begabung zeigte, Farbe auf Papier zu bringen, fertigte über 250 Gemälde an, die mit Preisen bis zu 2000 Euro gehandelt wurden. Als sie einen Partner fand, beendete sie jedoch 1998 ihre künstlerische Karriere.

PRODUKTE

Vielleicht weil es das Wort „Entschei-Dung" nahelegt, gibt es auch viele hochpreisige Kunst- und Designerobjekte aus den Fäkalien verschiedener Tiere. Ein ehemaliger Schweizer Diplomat erstand eine Replik der antiken Marmorstatue „Venus von Milo" aus Pandakot um wohlfeile 34.000 Euro. Da soll noch mal jemand sagen, Geld stinkt nicht.

Im Gegenteil, seitdem man tierische Ausscheidungen in Biogasanlagen zur Energiegewinnung nutzt und so direkt in Geld verwandelt, interessieren sich immer mehr Künstler für diesen wertvollen Rohstoff: Bei einer Ausstellung in der renommierten Londoner Tate Gallery zeigte der Designer Ofili grellbunte Plateauschuhe für Damen, deren Sohle aus Elefantenmist besteht, unter dem Motto: „anything goes when it comes to (s)hoes". Weniger diese Materialmischung erregte Unmut, als das nur anglophonen Menschen verständliche Wortspiel zwischen Schuhen (shoes) und Prostituierten (hoes).

Und offenbar um zu beweisen, dass man auch Scheiße in Gold verwandeln kann, schuf der Schweizer Designer Yvan Arpa eine Herrenarmbanduhr aus versteinertem Dinosaurier-Dung. Verkaufspreis: 11.290 Dollar.

Manchmal sind es aber auch ganz profane und nützliche Dinge, die aus diesem Material – das übrigens nur von Pflanzenfressern stammen darf – hergestellt werden: Ein Bauer aus Norddeutschland hatte die Membran eines Basslautsprechers aus Kuhdung geformt und war mit dem klanglichen Ergebnis mehr als zufrieden. In Serie ging diese Produktion aber dann doch nicht.

Begonnen hat diese gleichermaßen künstliche wie künstlerische Begeisterung für Stoffwechselendprodukte 1961. Damals füllte der italienische Konzeptkünstler Piero Manzoni jeweils 30 Gramm seiner eigenen Fäkalien in Blechdosen und verschloss sie luftdicht. Dann wurden diese von 1 bis 90 durchnummeriert und mehrsprachig mit „Merda d'artista" (Künstlerscheiße) beschriftet. Die Konserven wurden alle zum Preis von Gold des gleichen Gewichts (ca. 30.000 Euro) verkauft und werden heute bereits um mehr als 100.000 Euro bei Auktionen gehandelt.

„Holy shit!", rufen da unsere anglophonen Freunde aus.

EAT ART

Der sogenannte „Skandalrocker" Pete Doherty aß einmal im Old Boatstore Café in Cornwall ein Sandwich, das ihm offenbar nicht so suprig schmeckte, weil er Reste davon am Teller überließ. Die Besitzer des Lokals hoben in ihrer Verehrung für Promis diese *leftovers* reliquiengleich auf. Als dann auch noch der britische Starfotograf David Bailey bei ihnen nicht aufaß, beschlossen sie, ein „Museum" aufzumachen und die Speisereste auszustellen. Jetzt sorgen sich die Besitzer um die Haltbarkeit ihrer Preziosen, die weniger menschliche als vielmehr tierische Besucher anlocken.

Weder die Idee noch das Problem sind so ganz neu. Bereits 1961 hatte der Schweizer Künstler Daniel Spoerri Esswaren mit dem Stempel „Attention! Œuvre d'art" zu Kunstwerken deklariert und den Begriff der „Eat Art" in die Kunst eingeführt. Spoerri provozierte mit in Brotteig eingebackenem Abfall, um auf den beginnenden Konsumwahn hinzuweisen, in dessen Folge Brot im Abfall zu landen begann. Museumskuratoren plagen sich seitdem mit der Konservierbarkeit solcher Kunstwerke herum, die, von zahllosen Fraßgängen unterminiert, bald zu zerfallen drohen. Sic transit gloria mundi – So geht die Welt dahin, und das war eigentlich auch die beabsichtigte Botschaft des Künstlers.

Weniger Kunst als Aktionismus (vielleicht gibt's da auch keinen Unterschied) war vor Kurzem bei unseren westlichen Nachbarn zu sehen. Alle Tiere, die ein durchschnittlicher Schweizer – und entsprechend auch ein durchschnittlicher Österreicher – in seinem Leben verspeist, wurden von der Tierschutzorganisation Animal Spirit einige Stunden lang lebend auf dem Bürkliplatz in Zürich versammelt. Im statistischen Durchschnitt (also inklusive Vegetariern) essen Schweizer im Lauf ihres Lebens 8 Kühe, 33 Schweine, 720 Geflügeltiere, 6 Schafe, 2 Ziegen, 19 Kaninchen, 4 Rehe und 390 Fische.

Auf den Chronik-Seiten der Medien fand ich folgende Meldung: „Im Luftmuseum Amberg (D) saugte die Putzfrau Maria Wisgickl (72) von einem Lautsprecher eine tote Hornisse, die aber Teil einer Kunstinstallation des Klangbildhauers Timo Kahlen war."

Warum – so fragt sich der aufmerksame Leser – muss in Deutschland eine 72-jährige Frau eigentlich noch arbeiten? Oder ist Frau Wisgickl Kunstliebhaberin und wollte auf diese Weise den Objekten ihrer Leidenschaft näher sein? Vielleicht war es ihr als kunstsinniger Mensch ein Anliegen, den legendären Skandal um Josef Beuys' „Badewanne" auf diese Weise nochmals zu thematisieren: 1973 wurde dieses Objekt für eine Ausstellung im Schloss Morsbroich in einem Nebenraum eingelagert. Zu dieser Zeit feierte der dortige SPD-Ortsverein dort ein Fest, und als man eine Schüssel zum Gläserspülen und Einkühlen von Bier suchte, entdeckten zwei Funktionärinnen die scheinbar mit Heftpflastern und Mullbinden verschmutzte Badewanne. Diese wurde mit deutscher Gründlichkeit gesäubert, benutzt und dem geschockten Eigentümer wie ein „rasierter Kaktus" zurückgegeben. Die Gerichte beschäftigte noch drei Jahre lang die Frage des entstandenen Schadens, der dann auf 40.000 DM festgelegt wurde.

Seitdem ist diese Geschichte im Anekdotenschatz zur Modernen Kunst fest verankert und wird immer wieder Putzfrauen zugeschrieben. So kann man vermuten, dass zur Kunstaktion nicht nur die Hornissen auf den Lautsprechern gehörten. Nachdem man den Schaden medial ausreichend kommuniziert hatte, stellte sich die Frage, wie man im November Ersatz-Hornissen finden könnte. Dazu äußerte sich der Künstler durchaus sensibel: „Ich hatte nur zwei Hornissen und töte ganz sicher keine für die Kunst." Zu Recht, denn diese Insekten sind eine geschützte Tierart und dürfen – außer in Notwehr – nicht getötet werden.

Also wurden übergangsweise tote Stubenfliegen verwendet, obwohl „sie nicht so skulptural sind und der Chitin-Panzer von Hornissen einen anderen, eigenen Klang auf den Membranen macht". Inzwischen hat man andere tote Hornissen aufgetrieben. Und Frau Wisgickl weiß diesmal Bescheid.

Der britische Poet und Buchautor Murray Lachlan-Young schrieb mit seinem „Dog Poo Poem“ ein wunderbares Gedicht, das ein modernes, urbanes Phänomen in ironischer Weise thematisiert:

Old Mr. Milligan walking down the lane
Slipped on the mess of his own Great Dane
Now he's in a wheelchair looking rather sad,
Never would have happened if he'd put it in a bag.

Und auch in Schwerin, der Hauptstadt des an der Ostsee gelegenen Bundeslandes Mecklenburg-Vorpommern, brodelte es unter der dünnen Decke des protestantischen Bürgertums und nur mehr Kunst konnte die korrupte Fassade bigotter Reinlichkeit durchbrechen. Am Pfaffenteich, einem von zwölf in der Stadt gelegenen Seen, setzte der aufstrebende Künstler Ralf Witthaus ein Zeichen gegen eins der brisantesten Themen urbaner Kommunen: Hundekot. Diesen sammelte er nämlich mit roter Schaufel, Plastiksack und glatten Schuhsohlen (gut durchdacht!) zwei Tage lang auf der begrünten Uferböschung ein. Und am dritten Tage ruhte er nicht, sondern er schnitt die genaue Zahl der „Tretminen“ mit einer Elektrosense in die dortige Wiese. Ein sichtbares, aber mit der Zeit zuwachsendes Fanal zum Wohl des öffentlichen Grüns. Oder wie es der Künstler selbst formuliert: „Der Rasen ist ein demokratischer Möglichkeitsraum, einer der wenigen öffentlichen Räume, die nicht kommerzialisiert sind oder überwacht werden.“ Um Aufruhr zu vermeiden, meldete sich jedenfalls Schwerins Kultur- und Ordnungsdezernent zu Wort und meinte beschwichtigend: „Der Begriff Kunstaktion wird ja manchmal sehr weit interpretiert. Aber das ist okay, wenn es auch mal Impulse zum Nachdenken gibt.“ Oder frei nach Heinrich Heine: „Denk ich an Deutschland in der Nacht, dann weiß ich, was Nachbars Hund heut macht.“

FRISCHES BLUT

Nicht nur Deutschland, auch Österreich kann Erregung. Die Galerie Wechselstrom in Wien-Ottakring wollte im Rahmen einer Kunstaktion ein Gericht aus dem Fleisch von Kalbsembryonen zubereiten und verkosten. Das „subkutane Kunstprojekt“ (Eigendefinition) war intellektuell unterfüttert und wollte eine „ästhetische Fusion der Kunst von Hermann Nitsch und der Molekularküche Ferran Adriàs“ erreichen sowie „Paradoxien einschreiben“.

Die sonst durchaus gerne Fleisch essende und ebenso gerne Kunst verachtende Volksseele kochte. Die Aktion fand zwar statt, serviert wurde aber dann nur mehr ein idealisierter, „vegetarischer Kalbsembryo“, da man trotz aller Bemühungen keinen echten beschaffen konnte. Was lernen wir daraus? Sobald es um Tiere geht, funktioniert Provokation in der oftmals von Langeweile geplagten Kunst allemal.

Bloß über das eigentliche Anliegen wird nicht weiter nachgedacht. Woher kommen denn wohl die Grundlagen für die kommerziell erfolgreichen und gesellschaftlich akzeptierten Frischzellenkuren? Der Schweizer Arzt Paul Niehans wurde in den 1950er Jahren mit seiner von ihm „Zellulartherapie“ genannten Behandlungsmethode weltweit bekannt, als er damit Papst Pius XII. von einem Magenleiden heilte. Mit dem kleingehackten Gewebe von Embryonen sollten sich laut Niehans neben Organschädigungen die, damals mit dem Begriff „Mongolismus“ bezeichnete, heutige Trisomie 21 ebenso „heilen“ lassen wie auch die „Fehlentwicklung“ Homosexualität. Die Wirksamkeit dieser Methode ist nicht nur deswegen bis heute umstritten, sondern auch wegen der auftretenden allergischen Reaktionen und der Gefahr, Krankheiten von Tieren auf Menschen zu übertragen. Aber das ist offenbar bei Weitem nicht so aufregend wie „perverse Kunst“.

SPERMA

Einer maßlosen männlichen Eitelkeit hatte 2005 das Berliner Verwaltungsgericht Einhalt geboten. Der Frankfurter Künstler Luzius Ziermann wollte eine acht Meter hohe Bronzeskulptur in Gestalt einer menschlichen Spermienzelle in der Antarktis im Eis einfrieren lassen. Der Innenraum des so genannten „Spermatits" sollte mit Haaren verschiedener Körperteile und verschiedener Menschen gefüllt werden, „um künftigen Generationen in 100.000 Jahren Aufschluss über das menschliche Leben zu geben". Was für ein eitles Pathos einer Zurück-in-die-Zukunft-Kunst-Zeitreise! Aber. Leider. Verstößt gegen internationale Abkommen zum Schutz der Antarktis und würde mit diesen ganzen ungewaschenen Haarbüscheln das ewige Eis besudeln. Außerdem hätte eine befruchtete Eizelle in der Zukunft einen besseres Licht auf unsere dunklen Zeiten geworfen, meint der Beauftragte für Geschlechtergerechtigkeit.

NASENSCHREITER

Das seriöse Fachmagazin „Spektrum der Wissenschaft" titelte in seiner online-Ausgabe „Käfer tarnt sich als Hintern". Da entstehen natürlich wilde Bilder vor dem inneren Auge. Aber auch Fragen. Denn der Hintern ist anatomisch eine eher unscharfe Bezeichnung für die menschlichen großen Gesäßmuskel und umgebenden Strukturen. Die besagte Käferart hingegen gleicht vielmehr dem länglichen dritten Körperabschnitt der Ameisen. Schlechte Wortwahl? Zu wenig recherchiert? Oder doch einfach Fake-News? Offenbar gibt es ein tiefsitzendes Bedürfnis nach absoluten Wahrheiten und keinen Platz für andere Blickwinkel, eigenes Nachdenken oder gar ironische Bearbeitung.

Schade, denn Spaß und Ironie in Wissenschaft und Kunst haben Tradition: Friedrich Heller und Walter Schmögner gaben 1983 „Konrad Vogels Neues Tierleben fürs deutsche Heim" heraus. Dieses Tier-Lexikon beherbergte neue Arten, wie das kolumbianische Eisenschwein, das Rötzchen und das Tränenaas. In diesem fantastischen Lügen-Lexikon lugte aber zwischen dem Nonsens eine Streitschrift gegen beschränkte Denkart und kleinhirnige Wissenschaftsanbetung hervor, die nie in den Verdacht einer Lüge kam.

Ganz anders aufgenommen wurde ein Fachbuch, das der deutsche Zoologe Gerolf Steiner 1957 im respektablen Wissenschaftsverlag Gustav Fischer veröffentlichte. Inspiriert von Christian Morgensterns Nonsensgedicht „Das Nasobēm", beschrieb er die fiktive Tiergruppe der Nasenschreiter (Rhinogradentia), um die Darwin'sche Evolutionstheorie in leichter Form zu vermitteln. In fast schon comichaften Zeichnungen wurden die verschiedenen funktionalen Anpassungen der Nasenorgane dieser Tiere abgebildet und erklärt. So weit, so lustig. Aber im ironiefreien Klima der Nachkriegsjahre rief das „Fachbuch" eine Welle der Empörung hervor. Gutgläubige Menschen fühlten sich getäuscht, ihr Vertrauen in die Seriosität der Wissenschaft war zerstört und die kriegsmürbe Fassade der Autoritäten begann zu bröckeln. An den Universitäten führte auch diese Initiative letztlich zur Revolution von 1968.

Deswegen darf heute ein Fachmagazin ruhig schreiben, dass Käfer wie Hintern aussehen, nur glauben muss man es nicht mehr.

5.
Tiere und Wissenschaft

„Jäcki fröstelte es, als der warme Strom aus ihm niederfloß."

Hubert Fichte, Geschichte der Empfindlichkeit

Als Wissenschaftler hat man es nicht leicht. Entweder stößt man auf die tumbe Ignoranz seiner Mitmenschen, denen die praktische Relevanz jahrelanger Forschungsarbeiten wie „Der elektrische Regenwurmfang mit der Oktettmethode" (Thielmann, 1986) nicht einleuchten will, oder man muss sich halblustige Bemerkungen gefallen lassen, obwohl man seine Gesundheit beim Studium der „Fauna tiefer Weinkeller" (Stellwag, 1924) jahrelang aufs Spiel gesetzt hat.

Anderen Forscher wiederum geht es wie Goethes Faust. Wenn man nach jahrelangen Studien am Ende nur weiß, dass man nichts weiß, dann kann man die bekannte Strophe zitieren: „Da steh' ich nun, ich armer Tor, und bin so klug als wie zuvor".

Gleichzeitig wundert man sich, wieso manche Fragen unbeantwortet bleiben. Als mit der zunehmenden Urbanisierung in den 1970er Jahren in manchen Städten Tauben zum hygienischen Problem wurden, wurde erst klar, dass diese überall sichtbaren und den meisten Menschen vertrauten Vögel kaum beforscht worden sind.

Vielleicht liegt dies auch an dem langwierigen und aufwendigen Prozess, wissenschaftliche Arbeiten zu veröffentlichen.

Der russisch-amerikanische Biochemiker Isaac Asimov, einer der bekanntesten sowie produktivsten Science-Fiction-Schriftsteller seiner Zeit, beendete nach zehn Jahren seine Tätigkeit als Professor an der Boston University, weil ihm der

Aufwand, nach ein oder zwei Jahren intensiver Arbeit gerade einmal ein paar Seiten Text über die Ergebnisse veröffentlichen zu können, zu unattraktiv erschien.

Studien über Tiere sind jedenfalls immer gut für unpassende Vergleiche, Aufregungen und Missverständnisse.

Wissenschaft ist langweilig. Eigentlich nicht die Wissenschaft selbst, sondern die Berichterstattung darüber. Oder noch eigentlicher: Viele Zeitungen finden Berichterstattung über Wissenschaft uninteressant und muten ihren Lesern im Allgemeinen nicht viel mehr als die eine oder andere Nachricht über neue Konsumelektronik oder Unverständliches aus der Genforschung zu.

Das muss nicht so sein, dachte man sich offenbar in der Redaktion der Zeitschrift „Bild der Wissenschaft" und betitelte einen Artikel mit großen Lettern „Die Trocken-Schüttelformel". Darüber will man im Speziellen als männlicher Leser sofort Näheres erfahren. Kann damit ein unangenehmes Hygienethema – das hier nur als Problem des letzten Tropfens angedeutet werden soll – gelöst werden? Oder gibt es endlich neue Erkenntnisse zu der überraschend oft in Online-Foren diskutierten Frage, wieso viele Menschen beiderlei Geschlechts nach dem Urinieren ein Reflex zum unwillkürlichen Kopfschütteln überkommt? Schütteln Sie jetzt beim Lesen dieser Zeilen nicht den Kopf, denn dieses Phänomen beschäftigt viele. Und wie in allen Fällen, wo bedeutende Fragen der Menschheit anstehen, gibt es auch hier ein passendes Fachvokabel: post-mikturale Zuckungen. Diese Verbalausstattung erlaubt es Ihnen, gesittet mit Ihrem Urologen darüber zu sprechen.

Doch Antworten dazu sind rar. Manche Theorien vermuten einen mit dem Ablassen der Flüssigkeit einhergehenden Wärmeverlust, andere orten als Ursache eine Kollision im vegetativen Nervensystem: Der Parasympathikus leitet den Entleerungsvorgang ein, reizt die Blasenmuskulatur zur Anspannung. Der Sympathikus hingegen lässt die Blase erschlaffen und kontrahiert dann die entsprechenden Schließmuskel. An der Schnittstelle zwischen Halten und Loslassen sollen sich dann auch Nervenimpulse entlang der Wirbelsäule ausbreiten. Aber nichts Genaues weiß man nicht.

Leider hilft da auch die Trocken-Schüttelformel nicht weiter. Diese berechnet stattdessen die Frequenz, mit der sich Säugetiere schütteln müssen, um Wassertropfen aus ihrem Fell zu entfernen. Denn wer weder Hände noch ein Handtuch zum Abrubbeln besitzt, der muss sich auf diese Weise trocknen und vor Unterkühlung schützen.

Je kleiner die Tiere sind, desto schneller müssen sie dazu ihren Körper schütteln. Die Formel: Frequenz = Masse hoch minus 0,22. Mäuse, die sich so nur langsam wie ein Hund abschütteln, bleiben demnach genauso nass wie vorher. Die Autoren schreiben im Resümee der Studie: „Schütteln bei Nässe ist ein uralter Überlebensmechanismus (...), haarlose Säugetiere, wie der Mensch, haben diesen Instinkt hingegen verloren".

Das bezweifle ich, solange es keine soliden Studien über die post-mikturalen Zuckungen bei uns nackten Affen gibt.

„Forschung ist ein scheues Reh", sinnierte der ehemalige österreichische Wissenschaftsminister Johannes Hahn einmal bei den Alpbacher Technologiegesprächen. Das mag vielleicht in der Wildbiologie gelten, in Bereichen der angewandten Marktforschung geht es jedoch ganz handfest zu. Legendär sind die dental-pädagogischen Ergebnisse aus der „Dr.-Best-Forschung", die ein so simples Produkt wie die Zahnbürste mit noch simpleren Thesen der breiteren Öffentlichkeit verständlich machten:

Aussagen wie „Die klügere Zahnbürste gibt nach“ und „Die menschliche Zunge ist wie ein Schwamm“ entstanden angeblich nach ausgedehnten Feld- und Laborstudien zum höheren Wohl unseres Zahnfleischs.

Ein Thema, das nicht nur Menschen, sondern auch Tiere betrifft, ist der sich oft stauende Verkehr auf den Straßen. Der reibungslose, zügige Verkehr auf Ameisenstraßen ist ein weites Betätigungsfeld für Forscher verschiedener Disziplinen. Die längste dieser „Straßen“ verläuft über 5760 Kilometer entlang der Mittelmeerküste von der italienischen Riviera bis in den Nordwesten Spaniens. Der höchste Durchsatz an einzelnen Insekten pro Strecke wird dann erreicht, wenn alle im gleichen Tempo und in kleinen Trupps unterwegs sind, wie Andreas Schadschneider, Professor für Physik in Köln, herausfand. Der Verkehrsplaner Hans Monderman forderte sogar, dass – so wie bei den Ameisen – der Verkehr ohne Ablenkungen wie Ampeln und Verkehrsschilder organisiert sein sollte, um die Aufmerksamkeit der Autofahrer zu erhöhen. Das funktioniert auch in der Praxis, aber nur, wenn sich die Verkehrsteilnehmer mit einer maximalen Geschwindigkeit von dreißig Kilometern pro Stunde fortbewegen. Und das entspricht – größenmäßig hochgerechnet – dem Tempo einer Ameise. Forschung ist also manchmal auch wie eine laufende Ameise!

Wenn Lebewesen lebendig und angeblich die Schallgeschwindigkeit überschreiten, dann ist eine gewisse Skepsis durchaus angebracht. 1927 publizierte der Insektenforscher Charles H. T. Townsend, dass die amerikanische Hirschbremse (Cephenomyia pratti) mit einer Geschwindigkeit von zu 400 Yards pro Sekunde fliegen könne. Umgerechnet entspräche das 1317 Stundenkilometern. Die „New York Times" und auch das Guinness Book of World Records übernahmen diese Angabe, der Townsends „visuelle Schätzungen" zu Grunde lagen.

Elf Jahre später widerlegte Irving Langmuir, Nobelpreisträger für Chemie, diese These mit guten Argumenten: Um diese Geschwindigkeit zu erreichen, müsste eine 0,3 Gramm schwere Fliege in jeder Sekunde mehr als 1,5-Fache ihres Körpergewichts fressen. Außerdem sollte ein Schallknall zu hören sein und bereits ab 102 Stundenkilometern wäre die Fliege für das Auge unsichtbar. Eine Kollision mit einer überschallschnellen Fliege hätte den gleichen Effekt, wie wenn man von einer Pistolenkugel getroffen würde. Obwohl es niemals Todesfälle durch zu schnell fliegende Insekten gab und trotz weiterer Publikationen, die diesen Fehler bereits in den 1940er und 1950er Jahren aufdeckten, hält sich dieser Mythos bis heute. In fast allen Webforen mit Einträgen zu Rekorden in der Tierwelt findet sich nach wie vor die Hirschbremse. Tatsächlich liegt ihre Fluggeschwindigkeit „nur" bei 80 Stundenkilometern.

Viele Forscher werden so wie Goethe von der Frage getrieben, „zu erkennen, was die Welt im Innersten zusammenhält". Was zumindest eine Hälfte der Menschheit im Äußeren zusammenhält, hat der französischen Sportmediziner Jean-Denis Rouillon erforscht und 15 Jahre lang die Auswirkungen von Büstenhaltern auf Brüste untersucht. Eine wichtige Fragestellung, die sich der vollen Aufmerksamkeit der Medien sicher sein konnte. Und tatsächlich verbreitete sich ein kurzes Interview, das er einem französischen Studenten-Radiosender gab, mit Internet-Lichtgeschwindigkeit und schuf griffige Schlagzeilen wie „Büstenhalter machen Brüste abhängig", „Freiheit für den Busen" und „News from Boob Science". Was genau tat der Mann? Die Zeitung „Der Standard“ beschreibt ihn eher als „Peeping Tom“: „Besonders aufmerksam verfolgte der Mediziner eine Gruppe von rund 50 Frauen zwischen 18 und 35 Jahren, die ihren BH ablegten.“

Mit welcher Methode wurden die Langzeiteffekte der Haltlosigkeit auf weibliche Brüste erhoben? Roullion maß mit einem Lineal den Abstand zwischen Brustwarzenspitze und Schulterkopf und stellte fest, dass sich nach Absetzen des BHs diese Distanz durchschnittlich um sieben Millimeter verringert hatte. Schlussfolgerung: Büstenhalter verschlechtern die „innere Struktur“ der Brüste.

Diese „Erhebung“ wurde ausschließlich unter jungen Sportlerinnen durchgeführt. Die genaue Anzahl der Probandinnen variiert – je nach berichtendem Medium – zwischen 120 und 330, offenbar konnten manche Redakteure Individuen und Brustpaare nicht immer auseinanderhalten.

Vielleicht liegen diese Ungenauigkeiten auch nur daran, dass nie eine solche „Studie“ publiziert worden ist, sondern es sich nur um das mediengeile Geschwätz eines Sportmediziners handelte. Medienberichte über diese sensationelle Erkenntnis sollten eigentlich nur einen Vorwand liefern, um formatfüllende Dessous-Fotos abzudrucken.

Offen bleibt bei mir hier nur die Frage, wie Fotoredakteure das Thema „Am Busen der Natur“ bebildern würden.

Wieder einmal half mir eine Boulevardzeitung bei der Orientierung in der flirrenden Welt der Trends: „Kleiner Busen kommt im Mode“, titelte das Blatt und schrieb dazu: „Während vor zehn Jahren noch die Körbchengrößen C oder D gefragt waren, wird heute ein hübsches B verlangt“. Doch nicht primär Männer verlangt es danach, sondern Frauen ordern – angeblich – bei Brustoperationen vermehrt schlanke Formen.

Zu den großen Mysterien der menschlichen Natur gehört interessanterweise die Evolution der hervorragenden weiblichen Brüste, die ein ausschließlich menschliches Merkmal sind und deren Größe in keiner Relation zur Funktion der Milchproduktion steht. Das hatte bis heute eine Vielzahl kruder Theorien zur Folge:

Frontal self imitation: Der Biologe Desmond Morris publizierte in den 1960er Jahren die Theorie, dass sich weibliche Brüste in Folge des aufrechten Gangs entwickelt hätten, weil die bislang sexuell stimulierenden Pobacken der Frauen bei frontaler Kopulation nicht mehr sichtbar waren und die schwellenden Brüste nun diesen optischen Reiz übernahmen.

Die **Flat-face-Theorie** ist vergleichsweise noch dümmlicher: Durch die evolutive Rückbildung des unteren Gesichtsschädels wären die Säuglinge an flachen Brüsten erstickt und nur die zunehmende Rundung habe die Atmung ermöglicht.

Feed-and-carry: Während sich der Nachwuchs der am ganzen Körper behaarten Vorfahren der Menschen beim Säugen noch im Fell festkrallen konnte, war das beim „nackten Affen" nicht mehr möglich. Dennoch mussten Mutter und Kind täglich große Strecken auf der Futtersuche zurücklegen. Erst durch das Tragen im seitlichen Hüftsitz und die Versorgung durch eine hervorstehende und zur Seite „biegsame" Brust sei dies möglich geworden.

Fitness by luxury: So wie Pfauen in den unfunktionalen „Luxus" ihrer Schwanzfedern investieren, um ihren Partnerinnen besondere Fitness zu signalisieren, zeigen Menschenfrauen, dass sie sich einen großen Busen „leisten können". Was ja in post-evolutionären Zeiten der Schönheitschirurgie auch wirklich stimmt.

Resümierend kann ich dazu nur Wolfgang Kraliceck zitieren, der lange Jahre in der Wochenzeitung „Falter" eine feine und hintergründige Sexkolumne schrieb: „Warum finden Männer Frauen so toll? Weil sie Brüste haben. Da ist was dran – mal mehr, mal weniger."

WAS UNS ANDERE LEBEWESEN SAGEN WOLLEN

Den Wunsch, sich mit anderen Lebewesen unterhalten zu können, hatten bisher viele Menschen. Als Gesprächspartner wurden dabei nicht nur Hinz und Kunz oder Hund und Katz ins Auge gefasst, sondern auch so interessante Kreaturen wie Joghurt und Zimmerpflanzen fielen bereits dem menschlichen Hang zur Geschwätzigkeit zum Opfer. Mit verschiedensten Gerätschaften rückte man Ende der siebziger Jahre den in Wohnzimmern heimischen Gummibäumen zu Leibe bzw. auf die Wachshaut. Man wollte feststellen, ob diese, wenn sie zum Beispiel von übellaunigen Menschen angebrüllt werden, zusammenzucken oder sonst eine messbare Reaktion von sich geben. Die Gespräche kamen nicht so recht in Gang und scheiterten wohl an unüberbrückbaren kulturellen Differenzen. Zum Glück, denn so ist es uns bis heute erspart geblieben, dass wir von traurigen Topfpflanzen, die in Talkshows herumlümmeln, mit Problemen wie „Diagnose: Spinnmilben" oder „Wie ich mit vorzeitigem Blattfall leben lernte" belästigt werden.

Aber die Kommunikationswissenschaft ruhte nicht und nahm sich einer Frage an, die Sie sich vermutlich noch nie zu stellen wagten: Was wollen uns Pferde sagen, wenn sie ihre Ohren aufrichten oder an den Kopf anlegen? In einer aufwendigen Versuchsreihe planten Forscher des Instituts für Neuro- und Verhaltensbiologie an der Universität Münster den Code zu knacken. Dazu versteckten sie sich in Pferdeattrappen mit beweglichen Ohrmuscheln und versuchten soziale Kontakte mit den Unpaarhufern aufzunehmen. Natürlich nicht nur einen Fasching lang, sondern ganze zwei Jahre dauerten die Untersuchungen, bei denen ausführlich mit den Kunst-Ohren gewackelt wurde. Dann kam die ernüchternde und durchaus prägnante Antwort auf die Frage „Was wollen uns Pferde mit den Ohren sagen?", nämlich: Gar nichts.

Der Projektleiter musste die minimale Reaktion der Huftiere mit Bedauern zur Kenntnis nehmen, doch die zweijährige Arbeit war nicht gänzlich fruchtlos: Was bleibt, ist ein Patent für künstliche, bewegliche Pferdeohren und die Einsicht, dass „Pferde auf den Menschen insgesamt reagieren, wobei es egal ist, ob dieser den Tieren nun mit oder ohne Ohr-Imitaten gegenübersteht."

Eine schöne Erkenntnis, dass solche Begegnungen eben auch ohne Ohralverkehr funktionieren.

Forscher finden ihre Themen nicht nur im Elfenbeinturm der Wissenschaften, sondern reagieren oft auch auf populäre Trends. Irgendwann in den 1980er Jahren entstand die Urbane Legende vom Cow-tipping, dem Kuh-Schubsen. Ziel dabei soll sein, sich an im Stehen schlafende Kühe heranzuschleichen und diese mit einem starken Stoß umzuwerfen.

An diesem Beispiel lässt sich schön nachvollziehen, wie solche Themen in der Gesellschaft entstehen, sich ausbreiten und wie Wissenschaftler ab einem bestimmten Grad der öffentlichen Wahrnehmung darauf reagieren.

In diesem Fall steht am Beginn dieser Geschichte die Entfremdung von einem früher fast allgegenwärtigen Haustier wie dem Rind. Stadtbewohnern fehlt das tradierte Wissen einer Agrargesellschaft und in dieser Lücke breiten sich falsche Annahmen aus: im Stehen schlafende Kühe, wären leicht zu überraschen und könnten nicht mehr aufstehen und sich wehren, wenn sie zu Fall gebracht würden.

Auf diesem Substrat wachsen Legenden, die schließlich auch in die Populärkultur Eingang finden. In der Highschool-Groteske „Heathers" aus dem Jahr 1988 findet sich eine erste Referenz auf diesen Mythos. 1994 widmet sich bereits eine ganze Folge lang die schräge Cartoon-Serie „Beavis and Butthead" diesem Thema.

Ab dem Jahr 2000 sprangen Print- und Fernsehmedien auf und brachten Interviews mit Landwirten sowie Reportagen über Freizeitrituale der gelangweilten Jugend. Die Songwriterin Norah Jones schrieb einen fiktionalen Song über ein gemeinsames Cow-tipping mit Lou Reed und 2005 erschien das Buch „The Official Cow-Tippers Handbook“.

Zu diesem Zeitpunkt gingen auch zwei Zoologen erstmals an die Öffentlichkeit und präsentierten eine Studie, die auf Basis eines Modells mit der durchschnittlichen Masse von 682 Kilogramm eines ausgewachsenen Holstein-Rinds erstellt wurde.

Demnach wäre dazu – je nach Beinstellung der Kuh – die Kraft von drei bis 5,75 Menschen nötig, um ein unbewegliches, nicht reagierendes Tier umzukippen.

Entsprechend guter wissenschaftlicher Praxis wurde diese Berechnung sofort von anderen Biologen überprüft, die einen Fehler in der Annahme über die Muskelkraft von Menschen fanden und erhöhte die Zahl erforderlicher Menschen auf vierzehn.

Dann erst meldeten sich weitere Experten mit der Information, dass Rinder überhaupt nicht im Stehen schlafen und sich gegen solche Attacken lebhaft wehren.

Rinder scheinen trotz ihres jahrtausendelangen Zusammenlebens mit uns überraschend unbekannte Tiere zu sein. Erst vor einigen Jahren wurde ein möglicher Magnetsinn bei Kühen postuliert. So etwas zu entdecken klingt einfacher, als es tatsächlich ist. Die Existenz eines solchen Sinnes im Tierreich wurde erst 1972 von der Wissenschaft anerkannt. Zuerst nur bei Vögeln, dann auch bei Fischen, Amphibien und Reptilien. Aber das dafür verantwortliche Organ blieb umstritten. Man fand zwar kleine magnetische Eisenteilchen in verschiedenen Zellen, aber keine Anbindung an Nervenleitungen. Der Nachweis bei den Kühen wurde durch Auswertung von Fotos auf Google Earth geführt. Darauf erkannten die Forscher der Universität Duisburg-Essen, dass alle Rinder beim Grasen oder Ruhen an einer Nord-Süd-Linie ausgerichtet auf den Weiden standen. Was wiederum andere Wissenschaftler bezweifelten und Fehler in der Datenauswertung reklamierten. Medien peppten diese eher belanglose Information zu „Magnetische Kühe entzweien die Forschung“ auf.

Was jetzt noch fehlt, ist ein Auftritt von Rinderzüchtern in Talkshows, ein Tatsachen-Buch „Wandern mit der Rinder-Methode“ und T-Shirts mit dem Aufdruck „Get Magnetic“.

Und natürlich mehr Forschung.

WER IST DÜMMER, MENSCHEN ODER TIERE?

Die moderne Gretchenfrage lautet: Wie hält man es mit den anderen Lebewesen auf diesem Planeten? Und kennt man diese überhaupt noch? Eine Studie der Universität Cambridge zeigte, dass Kinder deutlich mehr Fantasiewesen des Computerspiels Pokémon kennen als reale Arten wie Eichen oder Dachse. Eine deutsche Studie wiederum erhob, dass unsere Nachbarn im Durchschnitt nur acht verschiedene wildlebende Tiere und sechs Pflanzenarten nennen können. Im Unterschied dazu fielen den Testpersonen aber 21 Automarken ein. In Österreich erhoben bereits in den 1990er Jahren Forscher des Instituts für Didaktik der Naturwissenschaften das Naturwissen von Schulabgängern: 80 Prozent der 16-jährigen erkannten das – sehr typische – Blatt einer Rosskastanie nicht und in Wien halten 18 Prozent der 20- bis 45-Jährigen den Hirschen für ein männliches Reh.

Dazu könnte man sarkastisch anmerken, dass eine solche Verschiebung des Alltagswissens auch aus evolutionsbiologischer Perspektive grundsätzlich sinnvoll erscheint, denn umfassende Kenntnis über andere Lebewesen erhöht schon lange nicht mehr unsere Überlebenschancen. Wer schleppt sich denn heutzutage noch in die Ordination eines Arztes und muss mit schmerzverzerrtem Gesicht stöhnen: „Schnell, mich hat eine Wiesenotter gebissen, geben sie mir das passende Gegengift!“ Viel wahrscheinlicher wird man doch im Straßenverkehr von einem Auto niedergefahren – und dann ist es für den Anspruch auf Invalidenrente notwendig zu wissen, dass einem ein VW Polo, Baujahr 2017 über den Fuß geschrammt ist.

Intelligenz ist keine absolute Größe. Ein Blick auf die Geschichte der Zuweisung von Intelligenz macht die Absichten klar: Die Pioniere dieses Forschungsgebiets wie Charles Spearman oder Arthur Jensen waren Eugeniker und Rassisten, die damit eine scheinbar wissenschaftliche Methode zur Ausgrenzung anderer ethnischer Gruppen und sozialer Schichten etablieren wollten.

Die Tests waren darauf angelegt, nur das zu messen, was für den Erfolg einer weißen, städtischen Mittelschicht in der westlichen Gesellschaft notwendig war. Intelligenztests fokussierten sich anfangs vor allem auf sprachliche Kenntnisse und die Fähigkeiten, abstrakte Probleme zu lösen, also das, was Industrie, Technik und Wirtschaft einer expandierenden Gesellschaft benötigen.

Das Stigma unterdurchschnittlicher Intelligenz, oder sogar der „Debilität“ unterhalb eines IQ von 80 Punkten beim Stanford-Binet-Test ist das Todesurteil für berufliche Perspektiven und produziert billige Zombies für die Fließbänder.

Also entwickelte man einen sprachfreien Test, die Columbia Mental Maturity Scale, zur Bewertung der Intelligenz von Grundschülern. Doch auch dabei stolpert man über die Wertvorstellungen anderer Kulturen: dort findet sich zum Beispiel eine Aufgabe, bei der die Kinder aus einer Reihe von fünf Tierbildern (Elefant, Kuh, Gans, Schwein, Huhn), jenes auswählen sollen, das nicht zu den anderen passt. Christliche deutsche

Kinder wählen mehrheitlich den Elefanten, weil dieser in Europa und den USA kein Haustier ist. Muslimische deutsche Kinder hingegen wählen meistens das Schwein – da dieses im Gegensatz zu den anderen Tieren als unrein gilt.

So leicht macht man sich zum Trottel.

Der verrückte Wissenschaftler ist ein beliebtes Stereotyp der Popkultur. Wirrhaarig und irr kichernd will er die Welt in Filmen, Comics und Computerspielen verschlimmbessern, beherrschen oder zerstören. Seit einiger Zeit bietet auch die Realwelt einige entsprechende Präsentationsmöglichkeiten für Nerds, wie man Menschen mit hohem Fachwissen und sozialen Defiziten neudeutsch nennt.

Und um deren für den Rest der Welt oft skurrile Tätigkeiten sichtbar zu machen, verleiht man ihnen regelmäßig Preise. Neben dem Nobelpreis und dem Alternativen Nobelpreis (Right Livelihood Award), die besondere wissenschaftliche Erfolge von Menschen anerkennen, wird seit 1991 auch noch der Ig Nobel verliehen, ein „unwürdiger" (engl. „ignoble") Wissenschaftspreis für „Forschungen, die nicht wiederholt werden können oder besser nicht wiederholt werden sollten".

Das klingt lustig und soll es auch sein, denn der Ig Nobel wird von der Zeitschrift „Annales of Improbable Research", einer Art MAD für Wissenschaftler, vergeben. Andere Medien berichten dann gerne über die Nominierungen und witzeln dabei über offenbar absurde Forschungen. Wie zum Beispiel jene Arbeit zur „Schätzung der Gesamtoberfläche Indischer Elefanten", die dem Inder K. P. Sreekumar einen Hauptpreis für Mathematik eingetragen hat. Das verlangt direkt nach brüllender Schenkelklopferei und zeigt uns halt wieder einmal, wie sinnlos offenbar öffentliche Gelder an Universitäten für vertrottelte Forschung ausgeben werden, oder? Wer sich die Mühe macht und die Publikationen selbst aushebt, der wird zum Beispiel in diesem Fall feststellen, dass hier für ein recht komplexes

Problem der Morphometrie, der Gestaltvermessung, eine mathematische Lösung gefunden wurde. Aber Details sind da gar nicht gefragt, Forschung hat heutzutage vor allem angewandt oder zumindest der Wissenschaftler populär zu sein. Das hat der bis dato unbekannte norwegische Mediziner Anders Baerheim begriffen und eigens eine Arbeit publiziert, in der er „Die Effekte von Bier, Knoblauch und Sauerrahm auf den Appetit von Blutegeln" untersuchte. Dann nominierte er sich selbst für den Ig Nobel und bekam den Preis für Biologie 1996 auch zugesprochen. Jetzt ist er Professor an der Universität Bergen und hat sicher auch gut lachen.

Die Gründe, welche Arbeiten preiswürdig sind, haben jedenfalls nichts mit der wissenschaftlichen Leistung zu tun. 2004 wurde in der Kategorie Biologie ein Team für folgende Publikation ausgezeichnet: „Töne, die beim Hering (Clupea harengus) durch Freisetzung von Luftblasen produziert werden". Das klingt natürlich zu trocken, deswegen lautete die Begründung für die Preisvergabe: „weil Heringe sich offenbar durch furzen verständigen".

Für Journalisten aller Länder ist das natürlich leicht verdientes Zeilenhonorar. Als einer der Autoren interviewt wurde, musste er nur eine Frage beantworten: Sind furzende Heringe vielleicht ausschließlich Männchen und könnte dies das idente Verhalten von uns Männern erklären?

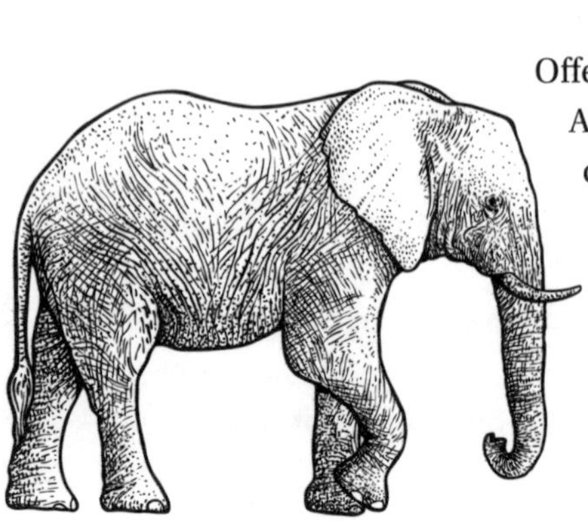

Offenbar gibt es nicht nur dumme Antworten, sondern doch auch dumme Fragen.

Dabei ist der eigentliche Hintergrund dieser Publikation ganz interessant: Fische sind keineswegs stumm, sondern erzeugen auf ganz unterschiedliche Weise vielfältige Töne. Sie knirschen mit den Zähnen, reiben Dornen und Flossenstrahlen aneinander und können ihre Schwimmblase als eine Art Trommel einsetzen, sodass man das auch noch über Wasser hören kann. Die Unterwasserwelt ist voll von Klick-, Grunz-, Knurr-, Klopf-, Quick-, Trommel- und eben auch Darmlauten. Nur was wird damit kommuniziert? Werden Weibchen angelockt, Rivalen beeindruckt oder Feinde getäuscht? Lassen sich die Töne zur Orientierung wie bei Fledermäusen verwenden? Oder sind das nur zufällige Nebengeräusche? Nicht nur Biologen sind an diesen Erkenntnissen interessiert, sondern eine ganze Fischereiindustrie, die dadurch bestimmte Fischarten gezielt lokalisieren und fangen könnte. Also durchaus solide Arbeit einer Fachdisziplin.

Aber Wissenschaft als großes Oktoberfest mit Watschentanz ist offenbar die nachgefragtere Inszenierung.

Und entsprechend dem Vorbild des Nobelpreises werden dort ebenfalls alljährlich Friedens-Preise vergeben. Jener aus dem Jahr 2007, der unter dem Namen „Gay-Bomb“ bekannt wurde, verdient es, aus dem Dunkel so genannter Forschungsarbeit an das Licht der Öffentlichkeit gezerrt zu werden: 1994 begannen Wissenschaftler des Wright Laboratory für die US-Air Force verschiedene Konzepte für nicht-tödliche Chemiewaffen zu erarbeiten. Eine dieser Waffen sollte die gegnerischen Soldaten in sexuelle Ekstase mit großer Wollust versetzen, so dass diese untereinander zu sexuellen Handlungen verführt worden wären. Diese dann nicht mehr kampffähigen, weil kopulierenden Soldaten könnten von den eigenen Bodentruppen leicht und gewaltfrei überwältigt werden.

In der Antragstellung für dieses 7,5 Millionen Dollar teure Projekt hieß es: „One distasteful but completely non-lethal example would be strong aphrodisiacs, especially if the chemical also caused homosexual behavior.“ Sinngemäß hieß es auf Deutsch: Ein geschmackloses aber völlig ungefährliches Beispiel wären starke Aphrodisiaka, speziell dann, wenn die Chemikalie homosexuelles Verhalten verursacht.

Die Gay-Bomb war also noch dazu ein humanitäres, weil nicht-tödliches Unterfangen, das auf Grund der von den USA im Jahr 1997 ratifizierten Chemiewaffenkonvention gestoppt wurde. Heißt es. Wobei man ja die Abschreckungswirkung auf extrem homophobe Soldaten nicht unterschätzen sollte. Aber dazu braucht es wohl noch etwas mehr Forschung.

Für viele wissenschaftlich arbeitende Menschen ist die Frage, über welches Thema sie ihre Dissertation schreiben, eine stete Herausforderung, für die es oft an für Laien verständlichen Worten mangelt. Deswegen gibt es seit 2007 den mit 1000 Dollar dotierten Wettbewerb „Dance Your PhD".

Dabei stellen Wissenschaftler ihre Doktorarbeiten, die sich meist mit sehr komplizierten Thesen auseinandersetzen, in tänzerischer Form dar und veröffentlichen dieses Video auf YouTube. Man kann sich das als eine Mischung aus den beliebten Gesellschaftsspielen Charade und Activity vorstellen. Bei Titeln wie „Antisense Oligonucleotides-Mediated Exon Skipping for Duchenne Muscular Dystrophy" ist eine choreografierte Darstellung durchaus unterhaltsamer – wenn nicht sogar verständlicher – als eine Powerpoint-Präsentation.

Die Regeln sind einfach: Grundlage ist die eigene Dissertation, deren Hauptaussage mit tänzerischen Mitteln kommuniziert wird. Und der Autor muss selbst mitmachen. Die renommierte Fachzeitschrift „Science" sponsert die Veranstaltung und schreibt dazu: „Strange things happen when scientists play with art and artists play with science." Und da wären wir wieder beim Topos des „Mad Scientist".

Die Ursprünge für dieses Misstrauen der Bevölkerung gegen die moderne Wissenschaft liegen in der Epoche der Aufklärung, als man sich von der Gedankenkontrolle durch Religion und Kirche befreite. Das Imperium wehrte sich gegen jene, die die Welt neu betrachteten und die Zeichen erklärten, durch Schmähung und Karikatur.

Die Idee von „Dance Your PhD“ ist selbstironisch und durchaus sympathisch. Ob es hilft, die Bevölkerung für komplexe Themen der Wissenschaft zu gewinnen, ist eher fraglich. Warum gibt es solche lustigen Bewerbe nicht auch im Wirtschaftsbereich? Ich möchte gerne einmal Bankmanager ihre Darstellungen der Wirtschaftskrise tanzen sehen.

VON NASEN UND NÜSSEN

„Die Füße auf den Tisch legen und nasenbohren. Das ist Freiheit“, meinte einmal der Kabarettist Josef Hader. Mich hingegen erreichte ein Leserbrief, ob es tatsächlich eine Studie gebe, die Folgendes beforscht hat: „64 Prozent der Menschen bohren mit dem Zeigefinger, ca. 25 Prozent mit dem kleinen Finger und weniger als 10 Prozent mit dem Daumen in der Nase“.

Richtiges Nasebohren, nein ... gutes Benehmen ist natürlich immer ein Thema für Freunde tierischen Verhaltens. Obwohl es offenbar viel Interesse an dieser alltäglichen, aber tabuisierten menschlichen Tätigkeit gibt, gibt es kaum Studien dazu, und wenn, dann sind sie erfunden. So wie die eingangs genannte, aber auch jene witzige Parodie auf wissenschaftliche Publikationen, die unter dem Titel „Nasebohren bei Menschenaffen und seine Bedeutung für die menschliche Evolution“ erschienen ist.

Das Problem beginnt schon bei der Nomenklatur. Der Duden hat dazu keinen Eintrag und so bleibt es unklar, ob es korrekt Nasen- oder Nasebohren heißt. Die Mehrzahlform impliziert die Verwendung zumindest einer weiteren Nase, weswegen ich den Singular bevorzuge.

Sollte diese Angewohnheit zwanghaft werden, dann sucht man einen Arzt auf und lässt sich wegen Rhinotillexomanie behandeln. Will man dort auch über die Ergebnisse seiner

Bohrungen berichten, dann spricht man nicht derb von Rammeln oder Popeln, sondern botanisch-bildhaft von Borken. In Deutschland ist dafür auch der frugale Begriff Korinthe in Verwendung, der sich je nach Färbung und Größe des Objekts auch als Sultanine oder Zibebe variieren lässt.

Möchte man sich wegen der Angewohnheit, das getrocknete Nasensekret zu verspeisen, behandeln lassen, dann erwähnt man seine Vorliebe für Mukophagie.

Wird man wie Jogi Löw, der deutsche Fußball-Nationaltrainer, öffentlich dabei erwischt und landet mit einem Video auf YouTube, dann sagt man am besten: „Ich bin ein nachdenklicher Mensch und gehe gern in mich."

Die orthografisch leicht zu verwechselnden Nasenbären bohren hingegen nie in ihrer Nase. Vielleicht werden sie auch deswegen zunehmend gerne als Haustiere gehalten. Als Kuscheltiere eignen sie sich dennoch nicht, denn ihre vier dolchartigen Eckzähne bohren einem schnell Löcher in die Nase.

Manche „Studien" haben sich im kollektiven Wissensschatz verfestigt und werden beharrlich weitergegeben. So zitiert man sehr gerne die Wahrscheinlichkeit, beim Baden einer tödlichen Haiattacke zum Opfer zu fallen und relativiert diese Zahl durch vergleichsweise viel riskantere Naturgefahren. Angeblich sterben weltweit jährlich „nur" zehn Menschen durch einen Haiangriff, aber 150 durch fallende Kokosnüsse. Bloß: Wer hat das je erhoben? Die Daten über Unfälle mit Haien werden vom ISAF, dem International Shark Attack File verwaltet. Dieses sitzt im Florida Museum of Natural History in Gainsville und ist eine Institution der American Elasmobranch Society, einer Organisation von Wissenschaftlern, die im Speziellen Haie erforschen. Etwa 75 Unfälle pro Jahr werden dort gemeldet, ca. zehn davon mit tödlichem Ausgang. Diese Daten sind also belegt. Wer aber dokumentiert Verletzungen durch Kokosnüsse? Niemand. Woher kommt also diese Zahl?

Von einer Kokosnuss getroffen zu werden galt lange Zeit als Beispiel für etwas besonders Unwahrscheinliches, und deswegen wollte der Leiter der ISAF, George Burgess, in einem Interview die tatsächliche Bedrohung durch Haie mit diesen 150 Kokosnusstoten relativieren. Aber er hatte diese Zahl auch nur einer Presseaussendung der britischen Versicherungsgesellschaft Club Direct entnommen. Diese wiederum verwies darin auf den kanadischen Risikoforscher namens Peter Barss, der 1984 eine Publikation namens „Verletzungen durch fallende Kokosnüsse" veröffentlicht hatte. Dafür erhielt Barss 2001 den Ig Nobel, jener schon erwähnten Auszeichnung von skurrilen Forschungsarbeiten. Das wäre nicht so schlimm, doch in der Studie werden von ihm bloß neun Fälle beschrieben, von denen kein einziger tödlich verlief. Aber er führte drastisch aus, welche Folge es haben kann, wenn eine zwei Kilogramm schwere Kokosnuss aus 25 Metern Höhe mit 80 Stundenkilometern und einem Einschlaggewicht von ca. einer Tonne auf einen Menschen fällt. Jedenfalls wurde daraus die Zahl 150, die seitdem durch Internetforen, Medien und Talkshows geistert. Barss hat sich später, als man ihn als den Vater dieser Daten bezeichnete, von dieser „bestenfalls sehr groben Schätzung" stets distanziert. Heute lebt er in den Vereinigten Arabischen Emiraten und unterrichtet an der Universität in Al-Ain, die von einer Dattelpflanzung umgeben ist. Das Risiko, durch eine fallende Dattel zu Tode zu kommen, ist jedenfalls hunderttausend Mal geringer als die Chance, dass ein Hai durch eine Kokosnuss getötet wird.

Zitieren Sie mich!

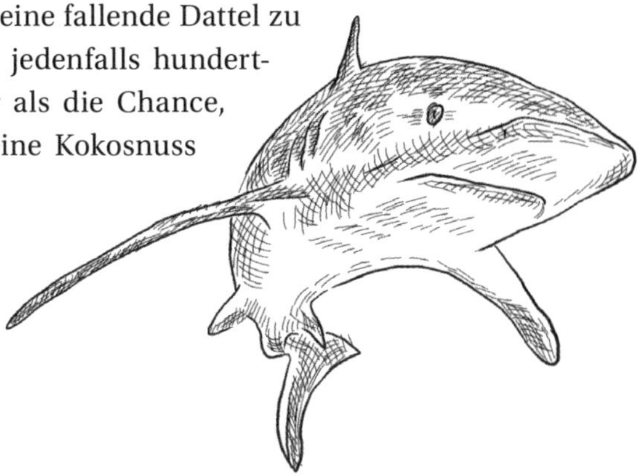

6.
Bei Tieren heißt es nicht Sex

Sie beschäftigt uns von der Geburt bis ins hohe Alter, sie lockt uns auf Werbeplakaten, sie beschäftigt Wissenschaftler verschiedenster Fachrichtungen, sie gehört zu den am stärksten gesetzlich reglementierten Bereichen unserer Gesellschaft, sie erregt in jeder Hinsicht unsere Gemüter, sie inspiriert Künstler seit der Steinzeit und sie steht auch im Alltag stets im Zentrum unseres Interesses und Lebens: Sexualität, die Geschlechtlichkeit des Menschen und anderer Lebewesen.

Aber dennoch – oder vielleicht gerade deswegen, weil mit ihr die Essenz des Lebens verbunden ist – ist sie uns nach wie vor ein Rätsel.

Trotz ihrer zentralen Bedeutung in der menschlichen Gesellschaft wurde stets Wissensdrang und Forschung dazu unterdrückt. Der schwedische Naturforscher Carl von Linné veröffentlichte im 18. Jahrhundert die damals ebenso neue wie skandalöse Theorie, dass auch Pflanzen Geschlechtsorgane besitzen und sich daher auf sexuelle Weise vermehren. Dies rief zahlreiche Kritiker auf den Plan und selbst Goethe schrieb dazu: „Wenn unschuldige Seelen botanische Lehrbücher in die Hand nehmen, können sie nicht verbergen, dass ihr sittliches Gefühl beleidigt sei, wobei die Monogamie, auf welche Sitte, Gesetz und Religion gegründet sind, ganz in vage Lüsternheit sich auflöst, bleibt dem reinen Menschensinn unerträglich."

Das gilt auch noch im 21. Jahrhundert. Als ich einmal in einem unbegründeten Anfall von Lustigkeit auf Twitter textete, dass ich gerne die Geschlechtsorgane von Pflanzen betrachte, blies mir sogleich ein Shitstörmchen entgegen. Entweder hatte ich das botanische Wissen über Blüten über- oder die strikte Sexualmoral meiner Follower unterschätzt.

Als der Psychiater und Gerichtsmediziner Richard von Krafft-Ebing 1886 in seinem Buch *Psychopathia sexualis* erstmals von der damaligen sexuellen Norm abweichende Vorlieben und Praktiken beschrieb, verfasste er jene Fallbeispiele, die besonders anstößig waren, in lateinischer Sprache. Auch heute noch wird Geschlechtsverkehr oft mit Fachsprache als Kopulation oder Koitus umschrieben.

Tiere haben jedenfalls nie Sex. Dieser Ausdruck ist ausschließlich der lustvollen Tätigkeit der Menschen vorbehalten. Offenbar weil dieser Begriff mehr beinhalten soll als die bloße Mechanik des Keimzellenaustauschs.

Doch auch Tiere können – für manche eine unbequeme Wahrheit – beim Fortpflanzen Spaß haben oder diesen sogar nur vortäuschen.

Als die schwedische Fischereikommission Gründe für die zunehmende Unfruchtbarkeit von Bachforellen suchte, kam man zum Ergebnis, dass die Fischinnen sexuelle Erregung bei 67 von 117 Geschlechtsakten nur vorgetäuscht hatten. Die vergeblich ausgestoßenen Samen fanden dadurch keine passenden Eizellen und gingen so den Bach hinunter.

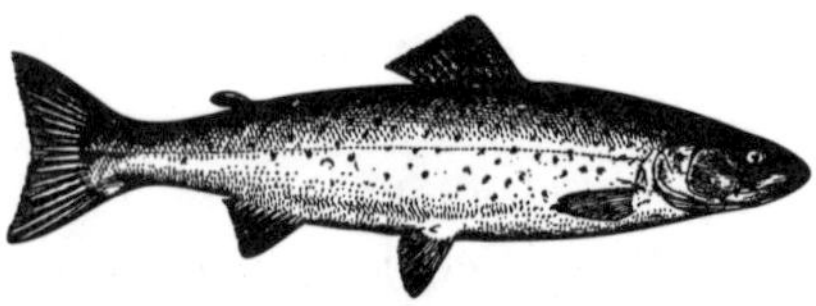

Dank raffinierter Forschungsansätze wurde endlich das bestätigt, was man selbst schon vermutet hat: „Sexueller Entzug erhöht den Alkoholkonsum".

Nachgewiesen wurde dies jedoch nicht an jener Spezies, bei der dies offensichtlich scheint, sondern beim Lieblingstier der Genetik, der Drosophila, einer kleinen, rotäugigen Fliegenart. Männliche Fliegen wurden versuchsweise mit befruchteten und daher sexuell desinteressierten Weibchen zusammengesperrt. Die abgewiesenen Männchen nahmen also ihre Spermienpakete wieder mit und schlürften lieber alkoholhaltiges Futter als die ebenfalls angebotene abstinente Variante.

Das ist jetzt noch nicht besonders überraschend, denn Drosophiliden ernähren sich normalerweise von überreifem Obst, das oft schon gärt und dadurch leicht alkoholischen Saft enthält.

Die Frage ist nur, warum die abgewiesenen Liebhaber immer die Schnapsvariante wählten. War es jener Grund, aus dem bereits Wilhelm Buschs frisch verwitwete Fromme Helene zur Flasche griff? „Es ist ein Brauch von alters her: Wer Sorgen hat, hat auch Likör!"

Die Forscher äußerten sich jedoch nicht zu Gefühlen wie Liebeskummer, sondern fanden folgende Erklärung für das Verhalten: Nach erfolgreichem Sex wird mehr von der Nerven-Transmittersubstanz Neuropeptid F gebildet. Und genau der gleiche Botenstoff steht nach Alkoholkonsum vermehrt in den Nervenbahnen zur Verfügung und scheint die Stimmung aufzuhellen. Neuropeptid F gehört zu den sogenannten Glückshormonen, also jenen körpereigenen Drogen, die schmerzlindernd und entspannend wirken und Wohlbefinden hervorrufen. Die Jagd nach diesen gehört heute bereits zur Routine in jedem besseren Bobo-Haushalt. Das antidepressive Serotonin gibt's in Schokolade, das Kuschelhormon Oxytocin in Nasensprays, für euphorisierende Endorphine muss man bis zum Runner's High laufen. Und jetzt: Neuropeptid bei Beschwerden infolge Kopulationsstau!

No woman, no cry, wusste dazu Bob Marley und auch der gestandene Fliegenbulle versteht sich darauf, einen Mangel zu kompensieren. Das bringt uns Männern diese sonst so fremden Insekten ein gutes Stück näher! Also beim nächsten Mal eine Fliege nicht einfach mit der Hand am Tisch zerdrücken, vielleicht ist es ein Kumpel, bei dem gerade nichts läuft und der nur in Ruhe seinen Frust runterspülen will.

ZWEITRACHT SÄEN

„Wann ist ein Mann ein Mann?", wollte Herbert Grönemeyer in einem seiner Songs wissen.

Also, wann bezeichnen wir ein Lebewesen als „männlich"? Simple Antwort: Jene, die kleinere Geschlechtszellen als ihre Artgenossinnen produzieren. Diese Definition klingt sehr vereinfachend, aber es gibt tatsächlich keine anderen, für alle Organismen gültigen Merkmale, um ein Männchen von einem Weibchen zu unterscheiden, das wiederum vergleichsweise sehr große Keimzellen produziert.

Auch Evolutionsbiologen beschäftigt die Frage, warum es überhaupt zwei verschiedene Individuen einer Lebensform braucht, um Nachwuchs zu erzeugen. Parthenogenese, die sogenannte Jungfern-Zeugung, ist eine im Tierreich mögliche und durchaus verbreitete Form der eingeschlechtlichen Fortpflanzung. Viele Insektenarten, aber auch aber auch manche Schnecken-, Fisch- und Eidechsenarten können Nachkommen aus unbefruchteten Eizellen heranwachsen lassen.

Das klingt etwas freudlos, aber Sexualität ist aus dem Blickwinkel einer Kosten-Nutzen Rechnung reiner Luxus. Denn sich asexuell vermehrende Lebewesen können grundsätzlich immer mehr Nachkommen hervorbringen als jene, die Zeit damit verschwenden, zuerst einen passenden Partner zu finden und mit diesem dann auch noch erfolgreich Keimzellen auszutauschen.

Der wesentliche Nachteil von zwei Geschlechtsformen besteht aber darin, dass man immer zwei Lebewesen braucht, um Nachkommen hervorzubringen. Da das männliche Geschlecht keine Jungen bekommen kann, gerät bei ungefähr gleicher Anzahl männlicher und weiblicher Kinder jede sich sexuell fortpflanzende Population bereits nach wenigen Generationen zahlenmäßig ins Hintertreffen.

Warum hat sich dennoch das Prinzip der Sexualität bei allen höher entwickelten Lebewesen auf unserer Welt durchgesetzt?

Dazu wurden in den letzten hundert Jahren zahlreiche Theorien entwickelt, die aber meist einer kritischen Überprüfung nicht standhalten konnten.

Der Ökologe Maynard Smith postulierte 1971, dass bei der Vermischung des Erbguts zweier Individuen deren Nachkommen durch die dabei entstehenden neuen Eigenschaften eine bessere Nutzung von Nischen und eine optimierte Anpassung an Veränderungen möglich sei.

Diese Theorie ist mit einer Lotterie vergleichbar: Asexuelle Fortpflanzung bedeutet in diesem Fall den Besitz vieler Lose mit derselben Nummer. Aber um die Gewinnchancen zu erhöhen, braucht es eher viele verschiedene Lose, wie sie durch die Paarung zweier Lebewesen entstehen. Sexualität erzeugt Vielfalt und lässt deshalb einige Nachkommen stark und andere dafür größer, kleiner oder anders gefärbt werden. Asexuelle Fortpflanzung macht hingegen alle durchschnittlich gleich.

Demnach müsste es Sexualität vor allem bei kleinen Lebewesen in sich stark verändernden Umwelten geben und große, langlebige Organismen, die wie der Mensch in stabilen Verhältnissen leben, sollten vor allem durch Jungfernzeugung entstehen. Wir wissen, dass die Wirklichkeit eine andere ist.

Gegen Ende des 20. Jahrhunderts begann sich der Blick auf die zentralen Herausforderungen für das Überleben eines Lebewesen zu ändern: Nicht so sehr Umweltfaktoren wie Dürre, Frost, Nahrungsmangel oder Konkurrenten und Räuber verkürzen das Leben, sondern Parasiten wie Einzeller, Bakterien, Pilze und Viren. So werden zum Beispiel mehr Kaninchen durch das Myxomatose-Virus getötet als durch Füchse, Jäger und strenge Winter. Was macht diese Schmarotzer so gefährlich? Sie sind kleiner, haben kürzere Lebensspannen und vermehren sich dabei deutlich schneller als ihre Wirte. Darmbakterien bringen im Lauf eines Menschenlebens sechsmal so viele Generationen hervor, wie die ganze Menschheit benötigte, um sich von ihren äffischen Vorfahren bis heute zu entwickeln. Und hier beginnt das Wettrüsten: Die Überlebenschancen des Wirts hängen davon ab, ob sein Immunsystem die Eindringlinge abwehren kann. Je besser sich der Wirt verteidigt, desto schneller muss der Parasit neue Generationen hervorbringen, um diese Abwehr zu durchbrechen.

Und plötzlich macht sich Sexualität trotz des oben beschriebenen höheren Aufwands bezahlt: Parasiten, die uns in Form von Krankheiten entgegentreten, liefern uns einen guten Grund dafür, unsere Gene in jeder Generation neu zu durchmischen. Würden wir immer nur eine Kopie von uns selbst ziehen, hätten uns die flexiblen und winzigen Angreifer längst ausgerottet.

Das mag nun wie eine abstruse und verstörende Erklärung für die Vielfalt unserer menschlichen Existenz klingen. Die vielgestaltigen Höhen und Tiefen der Partnerwahl, die Kultur der Liebe, Romanzen, Dramen, Bindungen sind lediglich Nebenerscheinungen des Versuchs unserer Gene, sich gegen Parasiten zu wehren?

Evolution ist nicht sehr romantisch.

Alfred Kinsey, der US-amerikanische Biologe und Sexualforscher, schrieb dazu im Vorwort zu seinem 1948 erschienenen ersten Bericht über das Sexualverhalten von Frauen ironisch und fast im Stil eines Gag-Writers: „A nymphomaniac is a woman who has more sex than you do." Sinngemäß auf Deutsch: Eine Nymphomanin ist eine Frau, die mehr Sex hat als du.

In den 1950er Jahren publizierte er erstmals umfassende und statistisch abgesicherte Erhebungen über das sexuelle Verhalten des Menschen.

Kinsey, ein promovierter Biologe, der sich zuvor zwanzig Jahre lang mit der Erforschung von Gallwespen beschäftigt hatte, wäre heute völlig unbekannt, wenn er nicht auf Einladung der Universität von Indiana eine Vorlesung über die Ehe (damals ein Synonym für Sexualkundeunterricht) angeboten hätte. Da er keine Literatur zur Biologie der menschlichen Sexualität fand, begann er, selbst Daten zu erheben, anfangs unter den Studenten, später auch in den Nachbarstädten und schließlich in den ganzen USA. Seine Methoden waren rein an wissenschaftlichen Kriterien ausgerichtet, die Zahlen statistisch abgesichert. Die wesentlichste und spektakulärste Erkenntnis seines ersten Reports „Sexual Behavior in the Human Male" (dt.: Das sexuelle Verhalten des Mannes, 1948) war die unerwartete Häufigkeit homosexueller Verhaltensweisen: Nach seinen Erhebungen hatten 37 Prozent der Männer im Laufe ihres Lebens zumindest einen gleichgeschlechtlichen Kontakt inklusive Orgasmus gehabt. Die Empörung über diese Publikation war groß, denn was nicht sein darf, konnte nicht sein. Neben den Konservativen attackierten auch Wissenschaftler die Arbeit: Die bekannte Anthropologin Margaret Mead meinte, diese Ergebnisse hätten nicht veröffentlicht werden dürfen, da sie den Vorsatz junger Menschen, ein konventionelles Sexualleben zu führen, moralisch untergraben würden.

1953 publizierte er seine zweite Studie über das Sexualverhalten der Frau. Auch darin zeigte sich, dass die gelebte menschliche Sexualität nicht mit den von Religion, Moral oder Gesetz vorgeschriebenen Normen übereinstimmte. Diesmal, am Höhepunkt der McCarthy-Ära, ließen sich die Wogen nicht glätten. Als er sich weigerte, seine Interview-Daten an das FBI weiterzugeben, das damit homosexuelle Mitarbeiter im öffentlichen Dienst aufzuspüren gedachte, wurden ihm alle Forschungsgelder wegen „subversiver Einübung in den Kommunismus" gestrichen. Zwei Jahre später starb er, ohne seine letzten Daten und Auswertungen veröffentlicht zu haben.

HÖHE. PUNKT

Auch wenn man damit den grundsätzlichen Vorteil von Sexualität versteht, bleiben noch einige Fragen zum Orgasmus offen, der auch im Vergleich mit unseren anderen Nervenreizen quasi als Höhepunkt herausragt.

Rainer Langhans, Symbolfigur der 68er-Bewegung, stellte diesen sinnlichen Höhepunkt bei einer Pressekonferenz provokant über alle anderen menschlichen Zustände: „Was geht mich Vietnam an? Ich habe Orgasmusschwierigkeiten."

Damals gehörte Sexualität noch zum Programm der Revolution, aber man wusste eigentlich überhaupt noch nicht viel über die sexuellen Aktivitäten in einer Partnerschaft. Moderne Sexualwissenschaftler lehnen mittlerweile jede Quantifizierung von sexuellen Handlungsweisen ab, da eine Normierung des Verhaltens im Bereich der Sexualität nicht sinnvoll ist.

Beim Homo sapiens bleibt der biologische Nutzen des Orgasmus umstritten. Bei Männern scheint dieser wuchtige Sinnesreiz eine notwendige Belohnung zu sein: Warum sonst sollte man, statt zufrieden herumzuliegen, mühsame Rivalenkämpfe und Balzrituale auf sich nehmen, wenn einen nicht ein ordentlicher Höhepunkt dafür entschädigt? Der weibliche

Orgasmus hingegen ist für den Anthropologen Donald Symons eher erworbenes Nebenprodukt, Frauen hätten diesen neuronalen Reiz einfach im Laufe der Evolution durch eine zunehmende Sensibilisierung ihrer Geschlechtsregion erlernt. Er meint dazu: „Die Fähigkeit der Frau zum Orgasmus ist ebenso wenig eine organische Anpassung wie die Fähigkeit zu lesen."

Soll heißen, Frauen haben sich die Fähigkeit, diesen Sinnesreiz zu empfinden, ebenso wie das Verständnis für die Schrift selbst beigebracht, während Männer in dieser Hinsicht nach wie vor von unbewussten Reizen gesteuert werden.

Vielleicht sollte man doch zuerst den Analphabetismus bekämpfen!

KLIMAERWÄRMUNG

Mein Hund ist schwul, die dumme Sau
er macht nicht kläff, er macht nur wau.

Die Prinzen

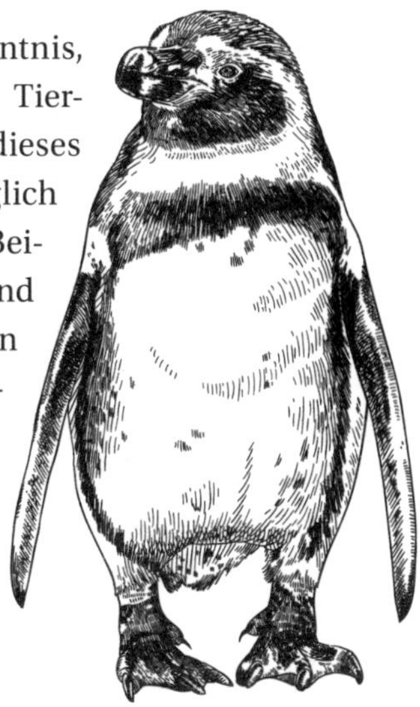

Zunehmend verbreitet sich die Erkenntnis, dass es homosexuelles Verhalten im Tierreich nicht nur gibt, sondern dass dieses viel weiter verbreitet ist als ursprünglich vermutet. Neben den klassischen Beispielen von Bonobos, Pinguinen und Fruchtfliegen entdecken Forscher nun schwules Verhalten in so gut wie allen Tiergruppen. Natürlich verwendet der stilsichere Wissenschaftler dafür nicht dieses Sch-Wort, sondern spricht von „Same-Sex Behaviour". Rätselhaft bleibt allerdings aus Sicht der Evolutionsbiologie, wieso ein solches Verhalten, das keine Nachkommen erzeugt, derart verbreitet ist. Erklärungsversuche dazu gibt es viele: Eine davon, die „social-glue“ Theorie, behauptet, dass Homosexualität körperliche Aggressionen hemmt und so den sozialen Zusammenhalt einer Gruppe fördert. Das soll auch für die menschliche Gesellschaft gelten. Oder kennt jemand schwule Schlägertrupps?

Als ich einmal vergeblich die leere Leserbriefmappe nach Reaktionen auf meine Texte durchsuchte, erhielt ich folgenden Tipp einer erfahrenen Redakteurin: „Wenn du Post willst, dann schreib entweder über Lehrer oder Homosexuelle. Aber pass auf, beide können heftig reagieren.“

Diese Erfahrung musste auch Heike Kück, Direktorin des Zoos in Bremerhaven machen. Da dort ein Überschuss an männlichen Humboldt-Pinguinen (Spheniscus humboldti) herrscht, finden sich diese über den Winter zu gleichgeschlechtlichen Gemeinschaften zusammen und bebrüten mangels selbst gelegter Eier einfach Steine. Um doch noch zu Jungtieren zu kommen, flog man aus einem schwedischen Zoo sechs Weibchen ein. Eine begleitende Studie sollte den Einfluss der „Schwedinnen“ auf die Männerfreundschaften erheben. Die Frau Direktorin freute sich über diesen Erfolg und informierte die regionalen Medien. Die Nachricht machte blitzschnell die Runde und Homosexuellen-Aktivisten aus Deutschland, Österreich und

den USA intervenierten bei Zoo und Bürgermeister gegen „die organisierte zwangsweise Belästigung durch weibliche Verführungskünste“ und forderten, dass auch schwule Pinguine als „rechtsunmündige Schutzbefohlene“ von Menschen unbeeinflusst Paare bilden dürfen.

In Bremerhaven beeilte man sich, den Schaden gering zu halten und versicherte, dass man den Männchen „nur ein Angebot“ machen wollte und selbstverständlich „jeder nach seiner Fasson glücklich werden soll. Schließlich war nur Arterhaltung unser Ziel.“ Böser Utilitarismus. Schließlich hat der amerikanische Biologe Bruce Bagemihl schon 471 Tierarten aufgelistet, bei denen Homosexualität nicht nur im Zoo, sondern auch in freier Natur beobachtet werden konnte. Und da diese Tierarten noch nicht ausgestorben sind, schlussfolgerte er: „Der Sinn des Lebens ist, wenn es überhaupt einen gibt, die Liebe und der Sex.“ Warm anziehen, Bremerhaven!

Ab und zu will man etwas Nettes und Leichtes lesen. Aber ich schreibe niemals etwas nett und leicht. Ich mache es immer entspannt, aber hart. Vor allem, wenn es um den Penisknochen der Eisbären geht, der angeblich neuerdings schwächelt.

So eine Meldung erinnert an Dieter Bohlen, der einen Großteil seiner Autobiografie mit der Beschreibung eines Penisbruchs füllte. Oder auch an die verzweifelten Versuche von Jungmännern, die ihre Tanzpartnerin mit einer in die Hose geschobenen Colaflasche beeindrucken wollen. Männliche Menschen haben nämlich im Unterschied zu Schimpansen und vielen anderen Tierarten keinen Knochen in ihrem Begattungsorgan. Nicht mehr, denn die Evolution reduzierte dieses Knochenteil. Über die Gründe dafür streitet man noch, aber es gibt krude Theorien: Ein Penisknochen verbirgt Erektionsstörungen, die allerdings ein Hinweis auf Krankheiten wie Diabetes oder mangelnde Fitness sein können. Daher hätten sich Frauen bevorzugt mit Männern gepaart, bei denen diese knöcherne

Struktur schwach ausgeprägt war, um die Gesundheit der Väter ihrer zukünftigen Kinder besser einschätzen zu können.

Andere argumentieren, dass man bei aufrechtem Gang – und vor allem bei der Flucht vor Feinden – von einem steifen Penis eher behindert wird. Bei Eisbären können wir beide Annahmen ausschließen, denn eine dänische Studie belegte einen pathologischen Einfluss sogenannter endokriner Disruptoren auf diesen Knochen. So bezeichnet man Stoffe, die das Hormonsystem von Lebewesen verändern und die seit Beginn der industriellen Chemie vor mehr als hundert Jahren in großen Mengen in die Umwelt und damit in die Nahrungskreisläufe gelangen. Eine solche Substanz ist zum Beispiel DDT, dessen Konzentration sich vom ozeanischen Zooplankton bis zum Fischadler als Endkonsumenten der Nahrungskette um das 625-Fache erhöht hat. Auch Eisbären stehen an der Spitze der Nahrungspyramide und nehmen alle Umweltgifte hochkonzentriert auf. Jetzt vermutet man, dass weniger die Klimaerwärmung als die erschwerte Fortpflanzung der Grund für den Rückgang der Polarbären ist.

GRÖSSENWAHN

Eine mir ebenso gerne wie oft gestellte Frage ist, ob Tiere die besseren Menschen oder Menschen bessere Tiere seien. Da die Wissenschaft bislang noch keine menschliche Eigenschaft (Lügen, Stehlen, Komasaufen, etc.) finden konnte, die nicht ebenfalls bei Tieren vorkommt, stelle ich hier die These auf, dass im Unterschied zu allen anderen Lebewesen sich ausschließlich (männliche) Menschen Sorge um die Länge ihres Fortpflanzungsorgans machen.

Bevor wir die Untiefen dieses Problems ausloten, eine grundsätzliche Unterscheidung. Bei Säugetieren gibt es zwei

Penis-Baupläne: den fibroelastischen Typ, der vor allem aus Bindegewebe besteht. Bei Bluteinstrom schwillt dieser daher kaum an, sondern wird nur in der Länge gestreckt. Pferde sind so gebaut: Sie können ihren Penis sehr weit ausdehnen und nach getaner „Arbeit" wieder fast zur Gänze in den Körper zurückziehen.

Beim zweiten, dem kavernösen Penistyp, nehmen Schwellkörper das zusätzliche Blut auf und wachsen dadurch auch in der Breite. Zu letzterem Modell gehören eben auch männliche Menschen. Je nach Ausbildung dieser drei Schwellkörper gibt es Penisse, die in schlaffem Zustand eher klein sind, aber erigiert stark anwachsen und Penisse, die im unerregten Zustand durch mehr Bindegewebe und Muskeln relativ größer sind, aber in versteiftem Zustand meist nicht wesentlich größer werden. Der Volksmund unterscheidet diese Typen als Blut- bzw. Fleischpenis.

Forscher haben lange Zeit allerlei Körperteile vermessen, aber nie das männliche Sexualorgan. Erst 1942 wurde die erste durchschnittliche Penislänge mit 13,02 Zentimetern erhoben und publiziert. Jerald Bain veröffentliche 1993 eine Studie über die „Verhältnisse zwischen Körpergröße, Penislänge und Fußgröße", die nur schlaffe 9,4 Zentimeter ergab (Anmerkung: Dieses Maß betrifft nicht die Füße).

Die Urologin Jyoti Shah überprüfte 2002 die Messmethoden der einzelnen Studien und bemängelte deren Vergleichbarkeit, da zum Beispiel eine französische Arbeitsgruppe „die Penisse vor der Messung streckte, indem sie diese dreimal an der Eichel zog" und so auf stattliche 16,74 Durchschnittszentimeter kam.

Dass Eigenangaben nicht zu trauen ist, musste auch der Präservativ-Hersteller condomi feststellen: In einer schriftlichen Erhebung unter 400 Männern aus acht türkischen Provinzen wurde eine mittlere Penislänge von 22 Zentimetern ermittelt. Die Verkaufszahlen von XXL-Kondomen in dieser

Region deckten sich aber nicht im Geringsten nicht mit diesen behaupteten Längen.

Die Penis-Datenerhebung muss penibel durchgeführt werden. Korrekt misst man ab der Schambeinfuge, die man zuvor ertasten muss, bis zur Eichelspitze, die oft noch durch eine zurückzuziehende Vorhaut bedeckt ist. In Folge dieser Manipulationen kann es durchaus einen Unterschied machen, ob diese Messungen durch ältere Professoren oder durch junge Assistenzärztinnen durchgeführt werden. Auch sollte die Temperatur im Untersuchungsraum relativ hoch sein, um ein klimabedingtes Erschlaffen zu verhindern. Jyoti Shah kam schließlich zu dem Ergebnis, dass daher nur erigierte Penisse vergleichbar gemessen werden können und – wichtig für Männer, die auf kleinem Fuß leben – dass es eindeutig keinen Zusammenhang zwischen Fußgröße und Länge der Penisse gibt.

Bei einem anderen Teil des männlichen Geschlechtsorgans gibt es – zumindest bei Menschenaffen – einen Zusammenhang zwischen Größe und Dominanzverhalten.

Bei Menschenaffen zeigt sich ein klarer Zusammenhang zwischen der Größe der Hoden und dem Ausmaß kämpferischer Auseinandersetzungen zwischen Männchen. Gorilla und Orang-Utan besitzen relativ kleine Hoden, die daher auch verhältnismäßig wenige Spermien produzieren. Umso größer ist aber der Aufwand der dominierenden Männchen, ihre Rivalen von den empfängnisbereiten Weibchen fernzuhalten.

Die innerartlich friedfertigen Bonobos, Zwergschimpansen, sind hingegen für ihre „freie" Sexualität bekannt. Die Männchen raufen sich nicht um die Weibchen, sondern warten, bis sie an der Reihe sind. Bei ihnen entscheidet über eine erfolgreiche Befruchtung nicht die Muskelmasse, sondern Menge und Qualität der Samenzellen.

Was kann man da als männlicher Mensch machen? Auf keinen Fall muss man sich sorgen. Der Toxikologe McLachlan veröffentlichte in den 1990er Jahren eine Studie zum Spermasterben. Er meinte nachweisen zu können, dass Umweltgifte die Qualität und Anzahl der Samenzellen jährlich schwinden ließe. Das konnte aber von anderen Forschen nicht in dieser allgemeinen Form bestätigt werden. Aufwendige Spermienzählungen unter Samenspendern bescheinigten den Männern ein seit 25 Jahren unverändertes Volumen des Ejakulats (3,5 Milliliter mit jeweils etwa 350.000 flotten Spermien).

RAMMLERSCHAU

Unter kinderreichen Katholiken gilt der finanziell aufmunternde Spruch „Wem gibt der Herr das Haserl, dem gibt er auch das Graserl." Auch Papst Franziskus verortete hohe Reproduktionszahlen vor allem bei Nagetieren und überraschte mit der Aussage: „Manche Menschen glauben, dass sich gute Katholiken wie Karnickel vermehren müssen." Im italienischen Originalton sagte er „coniglio" (dt.: Kaninchen), was die Deutsche Presseagentur mit „Karnickel" übersetzte – und dieser norddeutsche Ausdruck wurde dann von allen deutschsprachigen Medien übernommen. Egal, wir wollen nicht von der Expertise des Papstes ablenken, denn dieser weiß offenbar, dass Kaninchen über einen Uterus duplex verfügen, also zwei voneinander unabhängige Gebärmütter. Eine Häsin (ja, Kaninchinnen heißen so) kann daher bereits vor der Geburt eines Wurfs erneut befruchtet werden. Das schaffen selbst die überzeugtesten Christinnen nicht. Die konservative Kurie im Vatikan knirschte leise mit den Nagezähnen, doch womit der Papst nicht gerechnet hatte, war Deutschland, die Hochburg der Kaninchenhaltung. Dort sind ca. 150.000 Mitglieder im „Zentralverband Deutscher Rasse-Kaninchenzüchter" registriert und man schoss gegen „solche dummen Sprüche" scharf zurück. Der Verbandspräsident betonte in einer völlig ironiefreien Presseaussendung, dass „diese sexuellen Ausschweifungen nur auf freilebende Tiere zutreffen", während „die Fortpflanzung bei Zuchtkaninchen hingegen in geordneten Bahnen verläuft."

Auf der offiziellen Website dieser Organisation gibt man sich dann aber keineswegs prüde. Interessierte Neigungsgruppen finden dort Aufrufe zur „Bundes-Rammlerschau" oder Tipps, wie man „Häsinnen heiß und zum Deckakt bereit macht".

Okay, Fachsprache kann unfreiwillig lustig sein, aber aus manchen anderen Textbeiträgen lugt ein seltsames Welt- und Wertebild hervor. Man preist den erzieherischen Wert bei der Haltung und Pflege der Kaninchen: „Das Bedürfnis nach Zärtlichkeit, die Sehnsucht nach einem Partner, der sich unterordnet, der zusätzliche Kontakt mit dem kuscheligen Fell, (...) und die Möglichkeit, seine Probleme einem schweigenden Partner anzuvertrauen, sind weiter Gründe, sich Kaninchen als stets zugängliche Hausgenossen zu halten".

Das lässt den Ausdruck „Zuchtverband" dann doch in einem anderen Zusammenhang erscheinen.

Und die Frage, ob mehrere Kaninchen eine Schar, ein Rudel oder eine Herde sind, bleibt auch noch offen.

NACKTMODELL

Waren Sie schon einmal in Wien im Botanischen Garten? Ein Besuch lohnt sich jedenfalls, denn der unter Maria Theresia angelegte Garten bietet neben der üblichen Erbauung im Grünen auch diverse geistige Herausforderungen. Wie andere Botanische Gärten wurde auch dieser ursprünglich mit dem Ziel angelegt, Medizinstudenten bessere Kenntnisse der Heilpflanzen zu vermitteln. Dieser akademische Geist weht dem tumben Besucher, der hier vergeblich nach Tulpengruppen sucht, bereits am Eingang entgegen. Orientierungs- und titellos sucht man inneren Halt und ein Hinweisschild, und zumindest Letzteres findet sich auch: NACKTSAMER steht da zu lesen, sonst nichts, kein Bild, kein Ton. Das ist natürlich gemein. Was soll man jetzt nur tun? Darf man mit Minderjährigen diese Ecke des Gartens begehen oder erwarten einen dort ejakulierende Exhibitionisten? Eine heikle Situation, und die Begleitung erwartet sich eine plausible Auskunft, weil man doch bisher immer damit aufgetrumpft hat, dass man die Matura mit Vorzug bestanden hat. Besamungsbeauftragter, ja, das könnte man erklären, ein solcher Tierarzt hat erst vor Kurzem in einer Talkshow über seine durch ein Besamungsgesetz geregelten Tätigkeiten im Kuhstall berichtet.

Aber was ist bloß ein Nacktsamer? Bei südamerikanischen Panzerwelsen schlucken die Fischweibchen das Sperma, damit der Samen den Darm passiert und nach Wiederaustritt den unter der Bauchflosse versteckten Laich befruchten kann. Doch das wären ja dann wohl eher Verstecktsamer.

Solcherart in Gedanken vertieft, schlendert man die Kieswege entlang, bis man das Ziel erreicht hat und sich von … Nadelbäumen umringt sieht. Eigentlich hatte man statt der deutschen Bezeichnung auf das Schild „Gymnospermen-Gruppe“ schreiben wollen, meint ein Mitarbeiter des Gartens. Das wäre dann aber auch nur der halbe Spaß gewesen.

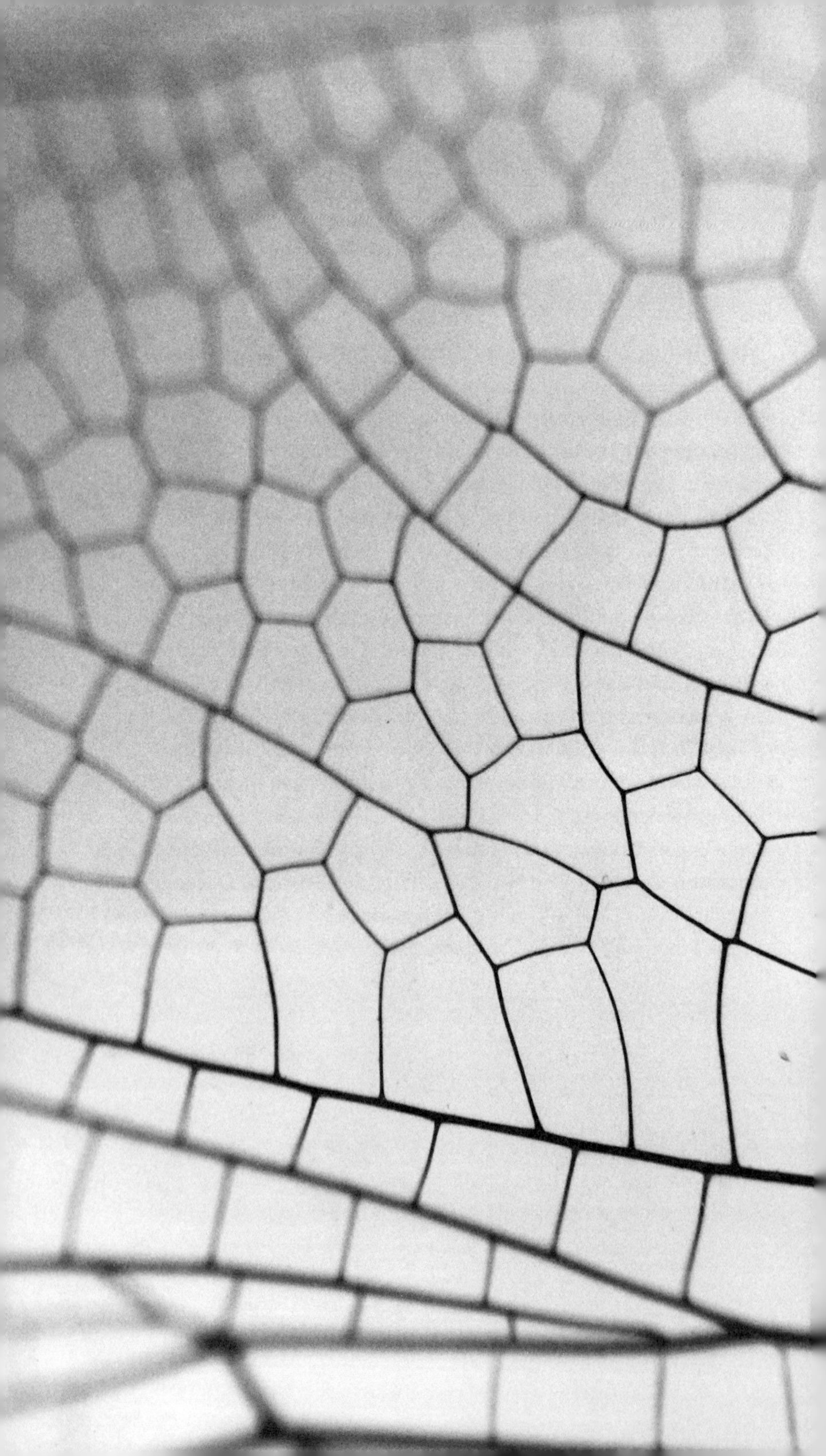

7.
Ich bin dann mal weg

Die Einstellung, selbst „lästige“ Insekten wie zum Beispiel Gelsen nicht immer sofort umzubringen und nach Massenvernichtungswaffen zu schreien, provoziert viele Menschen, die dann eine Begründung einfordern, warum man zumindest manche Tiere nicht einfach ausrotten darf.

Andere Tierarten auszulöschen scheint seit Steinzeittagen ein großes Anliegen des Homo sapiens zu sein. Auf einer Website für Petitionen findet sich auch ein entsprechender Antrag: „Der Mensch ist die dominante Spezies auf der Erde. Deshalb sollten sämtliche freien Flächen wie Naturschutzgebiete geschlossen und bebaut werden. Solang noch genügend Exemplare für die Forschung und Versorgung da sind, ist es egal, wie viele Tiere es gibt. Mit genügend Waffen und Pestiziden können wir den Tierbestand gut unter Kontrolle halten.“ Zum Glück haben diesen Antrag bislang nur sieben von sieben Milliarden Menschen unterschrieben.

Wie heißt es und was frisst es? Das sind die ersten zwei Fragen, die Menschen zu einem ihnen unbekannten Tier stellen.

Der dazu angefragte Experte irrt, wenn er glaubt, dass hier auch längere Ausführungen zu aktuellen Problemen der Nomenklatur, der biogeografischen Verbreitung und Besonderheiten der Lebensform gefragt wären. Am Ende blitzt dann immer die wirklich entscheidende Frage hervor: Wozu ist das gut?

Wer die Nützlichkeit eines anderen Lebewesens erkundet, der lotet damit auch schon die Vor- und Nachteile aus, die ein finales Verschwinden dieser Tierart mit sich bringen würde.

SPIEL MIR DAS LIED VOM TOD

Doch ab wann gilt eine bestimmte Tierart als ausgestorben? Diese Frage ist gar nicht so einfach zu beantworten. Die IUCN, die International Union for Conservation of Nature, hat klare Regeln dafür erstellt, ob und wann eine Lebensform offiziell als ausgestorben gelten darf.

Erste Voraussetzung ist, dass diese Tierart überhaupt bereits entdeckt worden ist.

Wissenschaftlich beschrieben sind ungefähr 1,5 Millionen Arten, vermutet werden bis zu 30 Millionen. Unbekannte Tiere können aus dieser Logik heraus gar nicht aussterben, was sich in der Diskussion über die Abholzung des Regenwalds zunehmend als Problem herausstellt. In den 1980er Jahren veröffentlichte der Biologe Edward O. Wilson erstmals Hochrechnungen zur Dynamik des weltweiten Artensterbens. Er prognostiziert, dass 27.000 Arten im Jahr endgültig verschwinden würden.

Umgerechnet wären dies 73 am Tag, beziehungsweise drei pro Stunde.

Seine Schätzung beruhte auf der unglaublichen Vielfalt von Insekten, die in tropischen Regenwäldern gefunden wurden: bis zu 1200 verschiedene Käferarten leben im Kronendach eines einzigen Urwaldriesen und die meisten sind – noch – unbekannt.

Diese Daten wurden schnell als apokalyptische Hypothesen und Ausdruck eines kulturpessimistischen Weltbilds mancher Naturschützer zurückgewiesen.

Und tatsächlich erscheint der Wandel der belebten Welt – je nach Blickwinkel – mehr oder weniger dramatisch.

Die durchschnittliche Lebensdauer einer Tierart betrug bisher etwa zehn Millionen Jahre, dann gab es entweder einen besser angepassten Nachfolger oder bessere Konkurrenten. Mehrmals kam es in unserer Erdgeschichte schon zu Massenaussterben: Vor circa 250 Millionen Jahren starben vermutlich fast 90 Prozent aller auf der Erde lebenden Tierarten aus, und vor 65 Millionen Jahren wurden neben den Dinosauriern auch 15 Prozent aller Meereslebewesen ausgelöscht. Trotz dieser Katastrophen lag die errechnete Aussterberate bisher bei neun Prozent pro Million Jahre. Für eine Welt mit circa zwei Millionen bekannten Arten bedeutet dies, dass alle fünf Jahre eine Spezies ausstirbt.

Doch seit der industriellen Revolution stieg diese Rate ganz wesentlich an. Folgt man Edward Wilsons düsteren Prognosen, dann wären in etwa 1000 Jahren alle tierischen Lebensformen auf der Erde verschwunden.

Strenger Buchhalter des internationalen Naturschutzes ist das World Conservation Monitoring Centre (WCMC) in Cambridge. Entsprechend deren Listen starben seit dem Jahr 1600 „nur“ 611 Tier- und 396 Pflanzenarten aus. Verursacht wurde dieser Artenschwund vor allem in der Ära des Kolonialismus, als Europäer die letzten weißen Flecken auf der Weltkarte beseitigten. Vor allem die Fauna kleinerer Inseln wurde durch mitgebrachte und eingeschleppte Haustiere wie Hunde, Katzen und Ratten in kurzer Zeit ausgerottet.

Ein Symboltier dieser Epoche ist die Dronte, auch unter dem älteren Namen Dodo bekannt. Dieser etwa einen Meter große, flugunfähige Vogel kam ausschließlich auf den Inseln Mauritius und Réunion im Indischen Ozean vor. Holländische Seefahrer legten dort gerne an, um jene Vögel als Reiseproviant zu jagen. Bei ihren Aufenthalten entkamen ihnen andere, als lebende Verpflegung mitgeführte Tiere.

Javaneraffen und Schweine besiedelten die Insel und ernährten sich bevorzugt von den Eiern des Dodos, die ungeschützt in Nestern auf dem Boden lagen. Keinc hundert Jahre später war das letzte lebende Individuum der Dronte verschwunden. „Dead as a Dodo" wurde zu einem geflügelten Begriff für die finale Auslöschung. Oder um es mit Arthur Schopenhauer zu sagen: „Jeder dumme Junge kann einen Käfer zertreten, aber alle Professoren der Welt können keinen herstellen."

Es findet sich auch in den Museen der Welt kein einziges ausgestopftes Präparat mehr. Das Ashmolean Museum in Oxford besaß lange Zeit einen Federbalg, doch als dieser zu stinken begann, verbrannte man den Körper. Nur Kopf und Füße wurden abgeschnitten und aufbewahrt.

Dass wir überhaupt eine bildliche Vorstellung dieser Tiere haben, verdanken wir den Tiermalern des 17. Jahrhunderts. Und diese portraitierten fast alle das einzige Exemplar in der Menagerie des Habsburgerkaisers Rudolf II. Dieses war auf Grund falscher Haltung und Fütterung auch noch verfettet und verkrüppelt, sodass wir heute nur mehr eine Karikatur eines Dodos kennen.

Regel Nummer zwei der IUCN für offizielles Aussterben: Die Tierart wurde beim Aussterben beobachtet. Das erinnert an einen Dialog der französischen Comicfiguren Asterix und Obelix, die mit Zaubertrank behandelte Eicheln auspflanzen, die in Sekundenschnelle zu riesigen Bäumen heranwachsen. Da Obelix sich davon überhaupt nicht beeindruckt zeigt, fragt ihn sein Freund, ob er denn nicht gesehen habe, mit welcher Geschwindigkeit diese Eichen entstehen? Obelix entgegnet ungerührt: „Ich habe zum ersten Mal eine Eiche wachsen sehen. Ich weiß also nicht, mit welcher Geschwindigkeit sie sonst wachsen."

Auch beobachtetes Aussterben ist nur sehr selten zu sehen und kann ganz ohne Zauber ebenso schnell passieren. In der Nacht vom 6. auf den 7. September 1936 verstarb in einem Zoo

im tasmanischen Hobart das bis heute letzte bekannte Exemplar eines Tasmanischen Tigers namens Benjamin. Schutzmaßnahmen, die man kurz davor noch zum Erhalt dieses Beutelwolfs erlassen hatte, kamen zu spät und zeitgleich mit der Gesetzesvorlage starb das letzte Tier. Als man sich des biokulturellen Verlusts bewusst wurde, startete man mehrere Expeditionen, die aber keine Hinweise auf weitere Tasmanische Tiger in der freien Wildbahn erbrachten. 1966, dreißig Jahre später, ließ die tasmanische Regierung sogar ein 647.000 Hektar großes Schutzgebiet im Südwesten der Insel einrichten, nur für den Fall, dass sich manche Tiere doch noch in Rückzugsgebieten hatten halten können. Aber auch ein halbes Jahrhundert danach ist kein Beuteltiger jemals wieder gesehen worden.

Da Menschen wirbellosen Tieren weniger Aufmerksamkeit schenken, konnte das allerletzte Individuum der Schneckenart Partula turgida in einem englischen Zoo ohne öffentliche Wahrnehmung am 1. Januar 1996 um exakt 17:30 Uhr verscheiden. Diese Tiere lebten ursprünglich auf Bäumen der pazifischen Inseln und waren – um nochmals die eingangs gestellte Frage nach der Nützlichkeit aufzugreifen – für unser Leben ohne weitere Bedeutung. Dazu meint Paul Ralph Ehrlich, Professor in Stanford und renommierter Forscher zum Thema Überbevölkerung: „Artensterben ist wie Russisches Roulette:

Jede Art, die ohne schwerwiegende Folgen ausgerottet wird, entspricht einer leeren Revolverkammer. Aber wie sollen wir das wissen, bevor wir abdrücken?“
Doch manchmal will man auch ganz bewusst abdrücken und eine Art absichtlich für immer verschwinden lassen.

Der Kalifornische Kondor war ursprünglich in den Bergen der nordamerikanischen Pazifikküste heimisch, bevor die europäischen Siedler begannen, ihn abzuschießen. Oft nur zum Spaß, manchmal aus mangelnder Kenntnis, weil man ihn fälschlich für einen Rinder- und Schafsräuber hielt. Tatsächlich ernährt er sich ausschließlich von den Kadavern großer Meeressäugetiere, die an die Strände gespült werden. Am Ostersonntag, den 19. April 1987 fing man „Adult Condor 9“ als letztes freilebendes Individuum nördlich von Los Angeles ein und startete mit weiteren sechsundzwanzig Kondoren im San Diego Wild Animal Park eines der engagiertesten Rettungsprogramme im Naturschutz. Gelegte Eier wurden sicherheitshalber bis zum Schlüpfen in Brutschränke gelegt und die Küken dann von Hand großgezogen. Durch diese Maßnahmen konnte man von einem Vogelpaar innerhalb von zwei Jahren sechs Jungvögel statt nur einem heranziehen. Auch die Wiederaussetzung der Nachzuchten verlief erfolgreich, sodass es seit Mai 2011 wieder fast 400 Kalifornische Kondore gibt, davon etwa die Hälfte in freier Wildbahn.

Weniger rosig ging es für die Kondorlaus aus, ein kleines Insekt, das ausschließlich in der schwarzen Halskrause der Kondore saß und von Federfetzen, Hautschuppen und Drüsensekreten des Neuweltgeiers lebte. Damit galt diese Laus als Parasit, was in der öffentlichen Meinung den Tatbestand eines Verbrechens erfüllt. Dabei töten Parasiten ihre Wirte meistens nicht, sondern wollen an ihrer Nahrungsgrundlage nur schmarotzen. Doch im Bemühen um Rettung des Kondors befand man, dass die mit ihm vergesellschafteten Läuse jedenfalls verschwinden mussten. Also wurden die Vögel mit einem Insektizid bestäubt und die Kondorläuse ausgerottet.

Hier begegnet die Naturwissenschaft ethischen Fragen: Welche Lebewesen „dürfen" überleben? Ist die Existenz eines Aasfressers mehr wert als das Leben eines Parasiten? Gibt es nicht lebenswertes Leben? Diese böse Frage beschäftigte uns schon einmal in der jüngeren Geschichte und sie betrifft auch heute noch: einen kleinen Laufkäfer.

Dieser kommt nur in den Karsthöhlen Sloweniens vor und ernährt sich dort – braun und blind – von anderen Kleintieren. 1933 beschrieb der Entomologe Oscar Scheibel dieses Insekt und benannte es zu Ehren des damaligen deutschen Reichskanzlers „Anophthalmus hitleri". Dieser „augenlose Hitlerkäfer" wäre mit einem anderen Namen nur wenigen Käferfreunden bekannt, so aber wurde er zum beliebten Ziel von einschlägigen Sammlern. Mehr als 1000 Euro werden für ein Exemplar dieser Art gezahlt, was ihn auf den Insektenbörsen zu einem der teuersten europäischen Käfer macht. Auf Grund dieser absurden Nachfrage befindet sich diese Käferart mittlerweile kurz vor dem Aussterben. Doch die Reaktion der sonst so rührigen Naturschutzorganisationen fällt darauf recht verhalten aus. Auf Nachfrage teilte man mit, dass man nicht interessiert sei, sich als Retter des „Hitler-Käfers“ einen Namen zu machen.

Selbst pazifistische und vegan lebende Menschen haben oft kein Problem damit, die Ausrottung mancher unerwünschter Arten, wie zum Beispiel Gelsen, Zecken und Kleidermotten zu fordern. Und schon wieder wird die Nützlichkeitskeule geschwungen. Was wäre das wohl für eine seltsame Welt, in der nur die circa 30 domestizierten Tier- und etwa 80 Nutzpflanzenarten vorkommen?

Der deutsche Ökologe Josef Reichholf nennt ein gutes Argument: „Bei vielen Arten können wir gegenwärtig wirklich nicht sagen, wofür sie gut sind, aber das schließt nicht aus, dass später bedeutende Eigenschaften gefunden werden. Und wer hätte vor der Entdeckung des Penicillins jemals die Idee gehabt, dass Schimmelpilze nutzbringend für Menschen sein könnten?“

Man könnte es aber auch ganz einfach mit Tom Sawyer halten, dem Protagonisten von Mark Twains Entwicklungsroman. Dieser plante sein Verschwinden und malte sich bildreich aus, wie wohl sein soziales Umfeld auf sein Ableben reagieren würde. Am Ende seiner Gedanken steht die selbstmitleidige Hoffnung aller verschwundenen Kreaturen: Es wird euch allen noch sehr leid tun, wenn ich erst einmal tot bin.

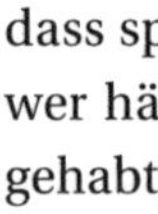

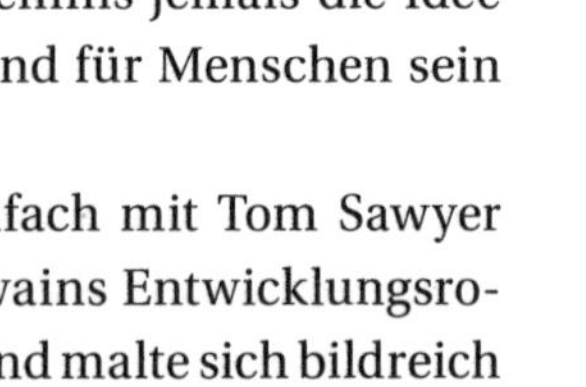

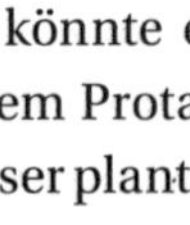

EVOLUTION DER ROBOTER

Das nach wie vor ungelöste Problem mit der Natur ist: Sie nässt, haart, riecht und versaut einem auch mal die Frisur.

Deswegen suchte man hygienische und antiallergische Alternativen, um den Kontakt mit lebenden Organismen zu ersetzen.

Am achten Tag der Woche, also 1975, schuf Gary Dahl „Pet Rock“, einen kleinen Stein, der in einem Karton mit Stroh, Luftlöchern samt Erziehungs- und Pflegehinweisen verkauft wurde. Zu Grunde lag die Erkenntnis, dass das pflegeleichteste Haustier wohl ein Stein wäre. Als sogar die „New York Times“ über Pet Rocks schrieb und sie als optimales Geschenk für Leute empfahl, die zwar Haustiere lieben, aber die Belastungen und Verpflichtungen scheuen, die diese mit sich bringen. Dahl wurde damit Dollar-Millionär, das Stein-Haustier hingegen verschwand nach kurzer Zeit vom Markt.

Erst 1996 wurde es wieder Licht, als der japanische Spielzeughersteller Bandai das Tamagotchi erschuf. Der Name setzte sich aus *tamago* (dt.: Ei) und *wotchi*, einer Abwandlung des englischen Worts *watch* für Uhr zusammen. Das Tamagotchi sollte das Leben eines Kükens imitieren, um das sich ihre Besitzer genauso wie um ein echtes Haustier kümmern mussten. Wurde es vernachlässigt, dann starb es. Zumindest kurzfristig, denn man konnte es mit einem Druck auf die Reset-Taste wiederbeleben.

Das Original wurde schnell von Konkurrenzprodukten bedrängt und wurde bald ebenso wie der Pet Rock aus dem Verkauf genommen.

Der japanische Elektronik-Konzern Sony brachte bereits 1999 den ersten Roboter-Hund Aibo auf den Markt. Der Preis von damals 2500 Euro war aber nicht massentauglich und so ließ die Firma das Cyber-Pet im Jahr 2006 aussterben.

Aber lassen sich auch Hunde vom technischen Nachbau täuschen? Verhaltensforscher der Eötvös-Loránd-Universität in Budapest brachten 40 Hunde mit Aibo zusammen und zogen ihm einen artgerecht riechenden Hundepelz über. Verglichen wurden die Reaktionen der Original-Hunde auf einen Welpen und ein Modellauto. Nach Analyse der Bell-, Knurr- und Schnüffelfrequenz (frontal und anal) mussten sie feststellen, dass es noch „einige ernsthafte Einschränkungen gibt, Aibo-Roboter in Verhaltenstests mit Hunden einzusetzen".

Die technische Evolution ist bekanntlich schneller als universitäre Studien, und deswegen entwickelte man Gupi, ein Robotermeerschweinchen. Dieses war mit Sensoren in Augen und Beinen ausgestattet, konnte sich selbstständig in der Wohnung bewegen und 30 verschiedene Geräusche von sich geben. Der Werbetext war von bestechender Ehrlichkeit:

„Meerschweinchen sind super für kleine Kinder, aber für Erwachsene sind sie gar nicht sinnvoll. Sie laufen davon und verstecken sich in ihren Häuschen und man kann nicht mit ihnen spazieren gehen. Aber unser Meerschweinchen hat auch ein paar Vorteile. Es ist ein kleiner Roboter, Sie brauchen also nicht andauernd den Käfig saubermachen und müssen auch nicht alle zwei Jahre oder so ein Meerschweinchen im Garten beerdigen."

Ein Gupi kostete ca. 50 Euro. Kaum mehr als ein echtes Nagetier. Doch auch diese virtuelle Tierart ist bereits ausgestorben.

AUCH SPRACHEN TUN ES

Der Sprachwissenschaftler William Sutherland von der University of East Anglia publizierte im Wissenschaftsmagazin „Nature" die These, dass Sprachen stärker vom Aussterben bedroht seien als Tiere. Er berechnete den Gefährdungsgrad der circa 7000 weltweit bekannten Sprachen mit den gleichen

Methoden, die auch bei der Erstellung von Roten Listen gefährdeter Arten angewandt werden. Demnach sind 4,5 Prozent der Sprachen bereits ausgestorben und 27,2 Prozent bedroht oder gefährdet.

Im Unterschied dazu seien bei Vogelarten bloß 1,3 Prozent verschwunden und 13,1 Prozent seien potenzielle Aussterbekandidaten. Ein seltsamer Vergleich, denn während es relativ einfach ist, neue Sprachen wie zum Beispiel Esperanto zu erschaffen, ist uns bislang noch nicht einmal ein neuer Einzeller gelungen.

Aber jede Sprache bedeutet mehr als Vokabeln und Grammatik, nämlich auch individuelle Identität und gesellschaftliche Zugehörigkeit. So soll der Habsburgerkaiser Karl V. mit Männern Französisch, mit Frauen Italienisch, mit Gott Spanisch und mit seinen Pferden Deutsch gesprochen haben. Wobei von deutschsprachiger Seite gerne angemerkt wird, dass er als besonderer Pferdefreund galt.

Natürlich sieht jedes Land die sprachliche Hierarchie anders und weist den geringeren Platz den inferioren Nachbarn zu. Oder missliebigen Tieren. Der Schwede Andreas Kempe karikierte die chauvinistischen Vorstellungen seiner Landsleute folgendermaßen: Im Paradies habe Adam Dänisch gesprochen, Gott Schwedisch und die Schlange Französisch.

Interessanterweise sprechen auch Tiere nicht die gleiche Sprache. Französische Schweine zum Beispiel grunzen auf Französisch „naf naf", während die Lautäußerungen eines

Schweins im Englischen mit „oink oink“ umschrieben werden. Wer auf einer Reise Kontakt mit der tierischen Landbevölkerung sucht, sollte noch schnell einen kleinen Tiersprachkurs absolvieren oder die Website der Universität in Adelaide in Australien besuchen. Dort hat man für als Unterlage für die Ausbildung zum Toningenieur eine vielsprachige Liste erstellt, in der man Tierlaute in ihren jeweiligen nationalsprachlichen Übersetzungen nachlesen kann. Ein hilfreiche Sache, denn übellaunige, finnische Stiere warnen uns vor dem Queren ihrer Weide mit einem deutlichen „pärsk“. Bullen in Holland informieren uns über ihre Verstimmtheit mit „snurk“ und Spanier fangen erst zu flüchten an, wenn sie ein lautes „buff“ hören. Polylinguale Tierflüsterei kann Leben retten!

HÄSSLICH ...

... ich bin so hässlich,
so grässlich hässlich,
ich bin der Hass!
Hassen ganz hässlich hassen,
ich kann's nicht lassen,
ich bin der Hass!

„Codo“ von DÖF (Deutsch-Österreichisches Feingefühl), 1983

Das bestgehasste Tier in Österreich ist vermutlich die Gelse.

Ein Meinungsforschungsinstitut legte dazu die passende Erhebung vor: 1026 Personen zwischen 14 und 69 Jahren wurden in Österreich befragt und das verblüffende, auf einen Satz verdichtete Ergebnis dieser Studie ist: „Neun von Zehn (90,1%) empfinden Gelsen-Attacken als nervig“. Demnach ist also jeder Zehnte mit Gelsen-Attacken zufrieden! Oder was wäre das korrekte Gegensatzwort von „nervig“? Aber verlieren wir uns nicht in sprachwissenschaftlichen Details, wenden wir uns den humanbiologischen Erkenntnissen der Erhebung zu. Was machen die Österreicher, um die „Heurigen-, Grill- und Badesaison gelsenstichfrei" zu überstehen? Die Hälfte montiert zum Beispiel Fliegengitter. Eine raffinierte Idee, die heimischen Badestränden eine interessante Optik verleihen könnte, wenn dies nicht oft vom Personal der Badeanstalten verhindert werden würde.

Aber wir sind nicht nur emsige Gitterhäuselbauer, sondern auch smart: „Etwa drei von Zehn (28,9%) schließen zur Abwehr der Plagegeister die Fenster und Türen am Abend". Bis dato hätte man derlei technische Maßnahmen bestenfalls vom Hörensagen für möglich gehalten, jetzt liegen aber endlich solide Daten vor.

Rätselhaft bleibt aber dieser Satz: „Etwa jeder Achte meidet den für Gelsen verlockenden Schweißgeruch". Bedeutet dies, dass sich ca. 13 Prozent der Österreicher im Sommer häufiger unter den Achseln waschen? Oder vermeidet man es, Orte mit transpirierenden Menschen aufzusuchen? In letzterem Fall könnte man diese No-sweat-Gruppe zahlenmäßig mit jenen 15,1 Prozent von Tourismus- und Gastronomieschädlingen vereinen, die zur Vermeidung von Gelsenstichen „grundsätzlich von feuchten Gebieten, Seen, Teichen und abendlichen Aufenthalten im Freien fernbleiben". Ein konsequentes, aber auch freudloses Leben.

Eine Herausforderung beim Texten solcher Presseinformationen besteht darin, ausreichend Synonyme für den Begriff „Gelse" zu finden: In der Reihenfolge ihres Auftretens: Mücke, Plagegeister, Blutsauger und fliegende Stechinsekten.

Bei Gelsen wird gerne darauf hingewiesen, dass diese als Überträger der Malaria täglich bis zu 1400 Menschen töten und die Welt ohne diese Insekten eine bessere wäre. Man meint den Esel und schlägt den Sack. Eigentlich ist nur der Einzeller Plasmodium tödlich, aber das wirkt als Argument zu spitzfindig.

Das Problem mit einem Overkill ist, dass man selbst bei diesen gut beforschten Tieren nichts Genaues weiß. Welche Rolle haben sie bei der Ernährung anderer Arten? Manche Wissenschaftler behaupten, dass sich die Zahl der Zugvögel ohne diese Nahrungsquelle in den Tundragebieten um die Hälfte verringern würde. Andere wiederum meinen, das seien nur „gefühlte" Statistiken, die dadurch zustande kommen, weil die Forscher die Anzahl der sie umgebenden und stechenden Gelsen überschätzen würden.

Einige US-amerikanische Wildlife-Experten sprechen von einem akzeptablen „collateral damage" und behaupten, dass Vögel sowieso lieber ein „500-Gramm-Motten-Steak" essen würden, als Zeit mit einem „150-Gramm-Moskito-Burger" zu verschwenden. Damit schließt man aber eher nur von seinen eigenen menschlichen Essgewohnheiten auf andere Tierarten. Nicht jede Vogelart kann große Nachtfalter fangen und fressen.

Eine vermutlich viel größere ökologische Rolle spielen die im Wasser lebenden Gelsenlarven. Diese werden nicht nur von Wasservögeln gefressen, sondern auch von Fröschen, Salamandern und Fischen, die selbst wiederum Teil der Nahrungskette sind. Tierarten ausrotten ist wie Dominosteine umstoßen. Man weiß nie, wie es ausgeht.

„Mamor, Stein und Eisen bricht", sang – grammatikalisch falsch, aber musikalisch höchst erfolgreich – Drafi Deutscher im Jahr 1965. Fast fünfzig Jahre später könnte man – geologisch korrekt – ergänzen, „aber Österreichs Felsen nicht". In einer Amtsdeutsch betitelten Studie „Artikel 17 – Bericht der Periode 2007–2012" wurde der Zustand von Lebensräumen und Lebewesen in Österreich erhoben. Ein durchaus heikles Thema und daher

zuerst die gute Nachricht: Mehr als 50 Prozent der österreichischen Felsen weisen einen günstigen Erhaltungszustand auf. Auf unsere Felsen können wir stolz sein! Die Moore hingegen schwächeln ziemlich, weil sie aufgeforstet, beweidet, gedüngt und entwässert werden. Das kann man natürlich beklagen, aber auch fragen, ob diese Moore daran nicht auch ein bisschen selbst schuld sind. Was machen sie denn Produktives, außer in der ökologischen Hängematte herumliegen und darauf warten, dass man sie erhält? Unsere Felsen hingegen trotzen vorbildhaft jeder Überdüngung und Beweidung. Der englischsprachige Mensch lebt ja im Bewusstsein der sozialliberalen Maxime: „When the going gets tough, the tough get going". Aber diese Moore kommen in ihren Birkenstock-Schlapfen einfach keinen Meter vorwärts.

Ganz schlecht läuft es laut der Studie auch für Käfer. Da fühlen sich sicher viele Gartenbesitzer und Topfpflanzenliebhaber verhöhnt, die täglich einen aufrechten Kampf gegen diese oft vegan lebenden Kerbtiere führen. Für 85 Prozent der Käferarten wird der Erhaltungszustand als „schlecht" angegeben, für 15 Prozent ist er „unzureichend" und für exakt null Prozent sind die Bedingungen günstig. Dieser Befund deckt sich überhaupt nicht mit meiner subjektiven Statistik der Leseranfragen. Dort steht zur Zeit an erster Stelle der „Scheiß-Breitmaulrüssler", der nur von Pflanzenfreunden so genannt wird. Eigentlich heißt dieser kleine, dunkle Käfer, der seine Beißwerkzeuge bevorzugt in behütetes Grünzeug steckt, Gefurchter Dickmaulrüssler. Und vermutlich ärgerte sich der britische Physiologe und Philosoph John Haldane ebenfalls über dieses Tier. Denn auf die Frage, was er aus dem Studium der Natur über Gott gelernt habe, meinte er: „Er hat eine ungewöhnliche Vorliebe für dunkle Käfer." Nach der Studie wäre Österreich dann ein ziemlich gottloses Land.

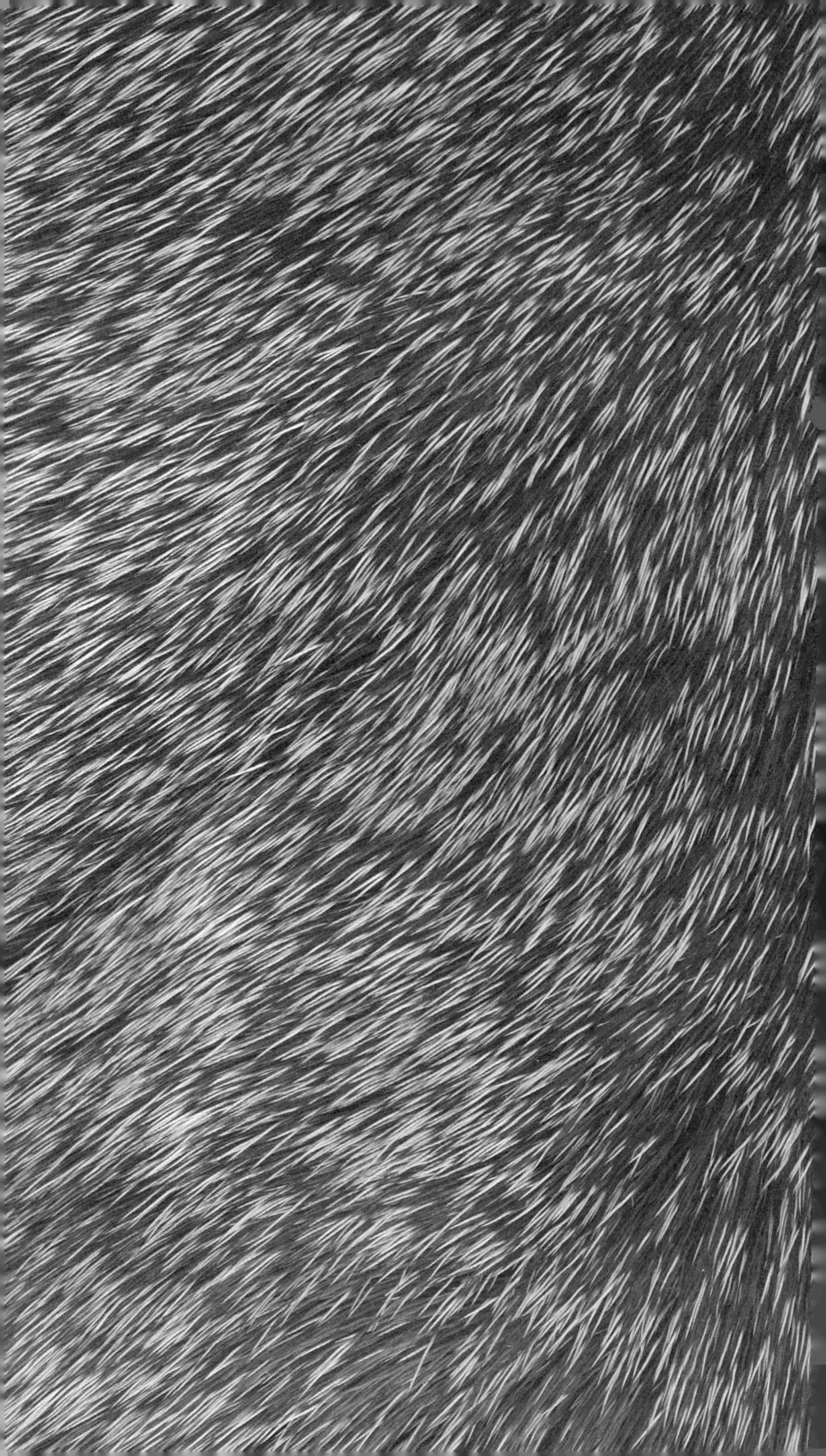

8.
Was Menschen an Tieren wirklich interessiert

Als ich noch als Naturführer unterwegs war, hatte ich durch die zahlreichen Fragen der Teilnehmer immer ein sehr gutes Gefühl dafür, was Menschen an der Natur interessiert.

Anfang der 1990er Jahre fing ich an, regelmäßig für die Wochenzeitschrift „Falter“ und andere Medien über die Tierwelt zu schreiben, aber die auf meine Texte folgende Stille überraschte mich. Artikel werden abgegeben, erscheinen und nur in seltenen Fällen bekommt man eine Reaktion der Redaktion dazu. Und noch seltener waren Leserbriefe in jenen Zeiten, als E-Mails noch Science-Fiction waren.

Ich wählte also meinen Themen quasi im Blindflug aus und freute mich umso mehr, wenn ich tatsächlich einmal eine Reaktion auf einen Text bekam. Diese Anfragen bekam ich zwar nicht auf Steintafeln, aber doch in sehr antiquierter Form handgeschrieben auf Briefpapier. Oder manchmal auch auf Toilettenpapier. Noch ohne Nestgeruch, quasi eine Raupe im Falter, pilgerte ich an Montagen zur Textabgabe mit einer 3,5-Zoll-Diskette in die Redaktion. An einem dieser Tage fing mich der Herr Chefredakteur am Gang ab und drückte mir ein Stück Klopapier mit bräunlichen Flecken in die Hand. „Weißt du, was das ist?“, war seine Frage. Und ein Schelm, wer Böses dabei denkt. Er hatte – in Unkenntnis korrekter zoologischer Sammelmethoden – die in seinem Badezimmer vorkommenden Kugelkäfer aufgeklaubt und sicherheitshalber zerquetscht. Forensisch ein Massaker, aber eine gute Schule für die Zusendungen, die folgen sollten.

Leserbriefe darf man nicht mit den psychopathologischen Äußerungen in Webforen verwechseln. Hier wird noch ordentlich gegrüßt, formuliert und meist auch ein Beweisobjekt beigelegt.

So wie mich zum Beispiel eines Tages ein voluminöses, aber dennoch leichtes Paket erreichte, in dem sich ein gut gefüllter Staubsaugerbeutel befand. Auf einem verstaubten Zettel stand folgende Frage: „Diese kleinen Fliegen habe ich in unserem Schlafzimmer aufgesaugt. Wie heißen diese?" Ich hätte gerne „Franz" und „Erna" geantwortet, aber der Fachverband für Tierkolumnen-Schreiberei rät vom schnoddrigen Antworten strikt ab.

Das sachkundige Aufsammeln und Verpacken von tierischen Funden scheint generell ein Problem zu sein. Vor allem in Zeiten vor der Durchdringung der Welt mit dem Internet bekam ich regelmäßig Briefpost in die Redaktion. Diese kam mit der Bitte um Bestimmung der nur durch dünne Briefkuverts geschützten, beigelegten Insekten. Damals konnte ich die Probleme von Gerichtsmedizinern nachvollziehen, die die einzelnen Gliedmaßen der Opfer eines Kettensägenserienkillers wieder zu ganzen Personen zusammensetzen sollen. Es ist kaum zu glauben, was man mit einem Poststempel alles anrichten kann!

Um diese oft bis zur Unkenntlichkeit zerdrückten Briefopfer zu vermeiden, gab ich in einer Kolumne genaue Anweisungen zum korrekten Versand zarthäutiger Tiere in mit Watte ausgelegten Zündholzschachteln.

Ein Leser schrieb mir daraufhin: „Ich kann ihrem Wunsch, Ihnen bei Anfragen auch das Tier zwecks Bestimmung zuzusenden, nicht nachkommen, da ich die mich im Gänsehäufel attackierende Hornisse zwischen den Seiten meiner Zeitung zerquetschen musste und ich diese noch brauche. Lustig fand ich das gar nicht, vor allem, wenn ich daran denke, dass drei Stiche dieses Insekts tödlich sind."

Auf diese ebenso häufige wie falsche Behauptung antwortete ich:

Die Hornisse hat sicherlich noch weniger zu lachen gehabt, vor allem, wenn sie daran gedacht hätte, dass bereits ein Schlag von Ihnen tödlich sein kann. Ungeklärt bleibt – mangels Leiche – die Identität des Opfers, denn nicht jede als groß wahrgenommene Wespe ist gleich eine Hornisse. Die hartnäckig tradierten, von Schüler zu Schüler weitergegebenen Kennzahlen zur Giftigkeit der Wespen sind durchwegs falsch: Hornissen injizieren pro Stich nur um geringfügig (circa 0,3 mg) mehr Gift als andere Wespenarten. Versuche an Ratten und Mäusen ergaben, dass erst nach 150 bis 180 Stichen je Kilogramm Körpergewicht die Hälfte der Versuchstiere starben. Das Gift der Honigbienen ist mit einer letalen Dosis von 40 Stichen pro Kilogramm Körpergewicht im Vergleich bedeutend wirksamer und unangenehmer.

Da gerade der wenig aggressiven Hornisse wegen dieses Volksglaubens rigoros nachgestellt wird, wurde das Risiko für Menschen berechnet, durch Attacken dieser Tiere zu sterben: Es ist mit 1:5,66 Millionen auch für ängstliche Zeitgenossen vernachlässigbar gering.

Bei Durchsicht meines Mailordners „Bestimmungsanfragen" stehen auf Platz eins in der Hitparade aller Anfragen kleine, schwarze Käfer, die aus unerklärlichen Gründen in der Wohnung aufgetaucht sind und von dort auch wieder verschwinden sollen. Dazu erhofft man, durch Kenntnis des Namens geradezu magische Macht über die Tiere zu erlangen und ersucht um ferndiagnostische Hinweise. Das Problem ist dabei nur, dass die meisten der circa 5000 in Österreich heimischen Käfer klein und dunkel gefärbt sind, was eine exakte Bestimmung ohne weitere Angaben erschwert.

Noch schwieriger sind Auskünfte über „weiße Würmer", die in irgendwelchen Bodenritzen oder Flokatis gefunden wurden. Ein Highlight in dieser Kategorie ist diese Anfrage: „Ich habe am Balkon sehr viele, graue, kleine Tierchen. Wissen Sie Genaueres?“ Leider nein.

Fraglos kann man den meisten Menschen, die mir schreiben, eine solide Tierliebe nicht absprechen. Diese Mail beschreibt das zweithäufigste Ärgernis von Großstädtern: „Was kann ich gegen ständig vor meinem Schlafzimmerfenster gurrende und flatternde Tauben unternehmen? Es würde ja reichen, sie irgendwie dauerhaft zu verscheuchen, es muss ja nicht immer gleich Gift sein ...“

Und wenn mich solche Trost und Rat suchenden Mails erreichen – „Auf meinem Parkplatz hüpfen nachts Katzen auf die Motorhaube und zerkratzen den Lack. Was soll ich tun?“ –, dann empfehle ich, das Auto zu verkaufen und mit den Katzen gemeinsam zu hüpfen.

Der Leserbrief fängt gut an: „Ich hoffe, Sie wissen alles.“ Doch dann wird es schwierig: „Wir haben einen kleinen begrünten Innenhof. Die Schnecken dort sind nicht länglich und braun, sondern rundlich und graugrün. Warum?“ Ich liebe Warum-Fragen! Kinder stellen sie sehr beharrlich im Alter von etwa drei Jahren und auch unter Auftraggebern ist sie oft verbreitet („Warum kostet das bei Ihnen so viel?“). Zum Glück habe ich noch eine umfangreiche Bibliothek mit Ratgeberliteratur, die mir dabei hilft, auf solche Fragen nicht nur mit einem patzigen „Weil, halt“ zu antworten.

Da lese ich: „Warum-Fragen sind das Resultat enttäuschter Erwartungen. Beim Befragten entsteht das Gefühl, das eigene Verhalten begründen, rechtfertigen zu müssen.“ Nein, das hilft mir nicht weiter, ich empfinde die Schnecken-Anfrage nicht als „Zurechtweisung in Fragekleidung“. Ich halte mich da ans Prinzip der Kindersendung „Sesamstraße“: „Wieso, weshalb, warum – wer nicht fragt, bleibt dumm.“

Alexander Karl, ein Medienmacher und Consulter, rät vielmehr zum Matrjoschka-Prinzip. Je öfter man bei einem Problem mit „Warum“ nachhakt, umso eher nähert man sich dem Kern des Sachverhalts – ganz so, als würde man ineinander schachtelbare, russische Puppen auspacken: Warum haben Sie einen Innenhof? Warum wollen Sie das wissen? Warum weiß ich keine Antwort darauf? Nein, so etwas hat keinen „kindlichen Charme“, sondern widerlegt vielmehr die These, es gäbe keine dummen Fragen.

Vielleicht kann mir Bestseller-Autor und Speaker Dietmar Dahmen weiterhelfen. In seinem Buch „Transformation. BAMM!“ meint er: „Warum hinterfragt das Bestehende. Warum nicht hingegen gibt uns die Lockerheit, etwas Besseres einfach auszuprobieren und ohne viel Heckmeck locker-flockig umzusetzen.“ Ja, Leser erwarten heckmeckfreie, locker-flockige Auskünfte. Bloß wie – nicht warum! – soll ich den Sinn innerhöfischer Schneckenfarben und -formen ergründen? Ein faustisches Unterfangen, zu erkennen, was das Weichtier im Innersten zusammenhält! Die Träne quillt, die Erde hat mich wieder!

„Lieber Herr K., Sie kennen offenbar nur braune, längliche Nacktschnecken und bauen kein Gemüse an, von dem sich diese ernähren könnten. Stattdessen finden graugrüne Schnirkelschnecken an den Innenhofwänden den notwendigen Kalk für ihr rundes Gehäuse.

Darum.“

Frau K. plagt ein akustisches Problem: Nebst Staub saugt sie auch Tiere ein, die ein helles „Plink“ im Metallrohr ihres Haushaltsgeräts erzeugen. Nun würde sie gerne wissen, ob sich die Plinks nicht auch als Futter für die Katze anbieten würden. Ich erspare der Dame Ausführungen darüber, welche gravierenden Folgen das Wegsaugen von Tieren für ihr Karma hat. Unter Berücksichtigung des durchschnittlichen Durchmessers von Staubsaugerrohren, der Jahreszeit und den Migrationsbewegungen der Stadtfauna tippe ich darauf, dass es sich um Tausendfüßer handelt. Die gepanzerten Tiere ziehen sich im Spätherbst in die Lückenräume des Bodens und manchmal auch unter die Fußböden in Wohnungen zurück. Doch da die Tiere Giftdrüsen besitzen und zur Abwehr einen stechenden Geruch verbreiten, wäre die Katze über solchen Futterzusatz sicherlich nicht erfreut.

In meinem persönlichen Zettelkasten nehme ich „Plink" als Trivialnamen für die Gruppe der Myriapoden auf.

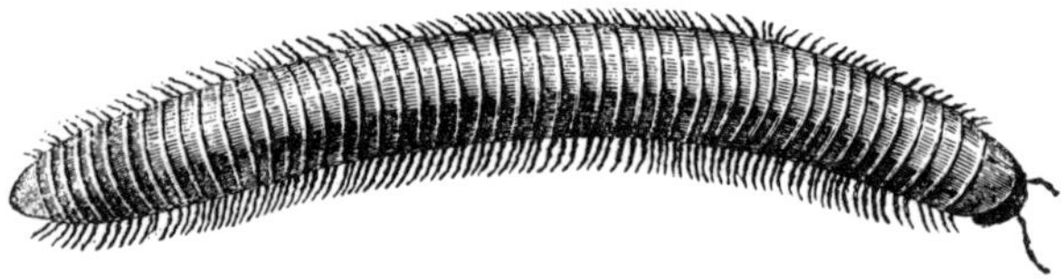

ES NÄSST, SCHMUTZT, BRENNT UND BEIßT

Hilfe! So beginnen fast alle Leseranfragen. Und an diesen Hilferuf schmiegt sich die immer gleiche Beschreibung des Bösen: kleine, zahlreiche und sich in viel zu großer Nähe des Betreffenden befindende Tiere in der Gestalt von „Würmern" oder „Käfern". Nur die Farbe ist veränderlich: Im Winter ist das „Ungeziefer" meist weiß und wurmig, im Sommer kommen die schwarzen Käfer, während im Frühjahr rote Insekten unbestimmter Bauart die Leserwelten dominieren.

„Hilfe", tönt es dort, „in meinem Garten sind viele rote Tiere mit schwarzen Verzierungen und Punkten!" Manche erkennen bei diesen auch Formen (die Zeichnung am Rücken gleicht einem „Indianer-Kopf" mit Augen, Nase und Mund), andere betonen olfaktorische Wahrnehmungen: „Wenn man sie zertritt, dann quillt oranger Saft heraus, der unangenehm stinkt". Hier wäre zu relativieren, dass das Zertretenwerden sicherlich unangenehmer ist als der dabei entstehende Geruch.

In Internetforen werden auch urbane Mythen gehandelt („Eine Nachbarin hat mir gesagt, ich soll bloß nicht mit nackten

Füßen auf die Tiere treten, das soll extrem brennen"), schweinchenschlaue Smartness ausgestellt („Zieh dir doch Gummistiefel an") und stiernackige Sturheit offenbart („Ich will nicht hören, wieso diese Insekten nützlich sind, sondern nur wissen, wie man sie umbringt"). Grund für die frühjährliche Erregung sind die hübschen Feuerwanzen (Pyrrhocoris apterus), die an den ersten warmen Sonnentagen überall zu sehen sind. Diese Wanzen (nicht Käfer!) halten sich gerne in sogenannten subsozialen Verbänden auf, was zu größeren Ansammlungen am Fuß von Bäumen und Sträuchern führt. Schuld an dieser ungebührlichen Zusammenrottung sind Duftstoffe, die diese Insekten als Lockstoff aus ihren Rückendrüsen abscheiden. Dagegen lässt sich eigentlich nichts machen, auch wenn sich viele Gartenbesitzer Metternich'sche Zustände in Form eines Versammlungsverbots für Kerbtiere wünschen. Dabei war gerade die zahlreiche Präsenz dieser Feuerwanzen Anlass für den Wissenschaftler Hermann Henking, gegen Ende des 19. Jahrhunderts Studien mit diesen Insekten über die Geschlechtsentwicklung zu beginnen. Er entdeckte eine mikroskopisch deutlich sichtbare Struktur in ihren Spermien, die er aus Unsicherheit über ihre Bedeutung den „X-Faktor" nannte. Es dauerte aber noch zwanzig Jahre, bis man erkannte, dass Henking bereits das geschlechtsbestimmende X-Chromosom gefunden hatte.

Dafür können wir Feuerwanzen doch unzertreten weiterleben lassen.

Ein Biologiestudium alleine verhilft einem noch nicht zu fachlicher Autorität. Oft werden soziale Botschaften als Anfragen getarnt, oder es entsteht grundsätzlicher Widerstand, wenn man auf ganz sachliche Weise der Welt der belebten Wunder ihren rätselhaften Zauber nimmt.

Manche Naturbeobachtungen bedürfen keiner Erklärung, sondern sollten nur von verständnisvoller Zustimmung

begleitet werden. Missversteht man diese Botschaft, dann verläuft das Gespräch durchwegs so:

„Auf meinem Balkon war jetzt so eine riesige Hummel. Du bist doch Zoologe, was kann das gewesen sein?"

„Na ja, du sagst, es war eine Hummel."

„Nein, aber die war riesig und ziemlich schwarz. Und hinten waren große gelbe Kugeln dran."

„Hummeln zählen auch zu den größten europäischen Insekten. Die Große Erdhummel hat eine Flügelspannweite von fast viereinhalb Zentimetern und ihr dicht behaarter Körper hat eine schwarze Grundfarbe. Die ‚gelben Kugeln', die du gesehen hast, sind sogenannte Pollenhöschen. Am letzten Beinpaar haben Erdhummeln eine spezielle Borstenstruktur, mit der sie Blütenstaub sammeln und transportieren können."

„Ja, aber die war viel breiter (*zeigt zwischen Daumen und Zeigefinger eine Spanne von genau viereinhalb Zentimetern*). Außerdem ist es doch noch viel zu kalt für Hummeln."

„Im Gegenteil, Hummeln sind in der Lage, die zum Fliegen notwendige Körpertemperatur selbst zu erzeugen. Sie vibrieren mit ihren ihre Muskeln so lange, bis sie sich auf eine Starttemperatur von 37 Grad aufgewärmt haben. Auf diese Weise können Hummelköniginnen schon bei einer Lufttemperatur von zwei Grad fliegen. Gegenüber anderen fliegenden Insekten ist das ein großer Vorteil im Frühling."

„Ach ja. Und was war das dann jetzt deiner Meinung nach genau für ein Tier?"

„So, wie du es beschreibst, vermute ich eine Große Erdhummel, Bombus magnus."

„Du irrst dich, wenn du meinst, mir kannst du alles erzählen. Ich glaube eher, du kennst dich nicht aus."

(*Tiefer Seufzer*)

In der Kolumne einer geschätzten Kollegin konnte ich einmal lesen, dass sie deswegen lieber über Tiere als über Menschen schreibe, weil diese nicht lesen können und sich daher auch nicht aufregen, wenn man ihre Geheimnisse preisgibt.

Ja, Tiere schreiben keine Leserbriefe, weder wütende wie eine Zornnatter noch schleimige wie die Nacktschnecke. Tiere schlagen einen leider auch nicht für Journalistenpreise vor und Netzwerke kennen Tierkolumnisten nur von Spinnen. Aber vielleicht irre ich mich, was den Einfluss von Spinnen in den Medien betrifft. Im Radio hörte ich einen Nachrichtensprecher mit gleichermaßen sonorer wie betroffener Stimme sagen, dass die älteste Spinne der Welt im hohen Alter von 43 Jahren an den Folgen eines Wespenstiches gestorben sei. Es habe sich um eine weibliche Falltürspinne gehandelt, die die bisherige Rekordhalterin in Spinnenlanglebigkeit, eine 28 Jahre alte Tarantel aus Mexiko, um 15 Jahre überlebt habe. Ich kondoliere und applaudiere der exzellenten Öffentlichkeitsarbeit des Falltürspinnen-Pressesprechers.

Das maximale Lebensalter von Wildtieren festzustellen ist eine viel schwierigere Aufgabe, als man vermuten würde. Deswegen finden sich in den meisten Beschreibungen von Tierarten zwar genaue Angaben zu deren Aussehen, Verbreitung, Zugrouten, Paarungsverhalten etc., aber nur sehr selten deren Lebensdauer. So wurde ich einmal von Volksschülern bloßgestellt, weil ich ihnen nicht sagen konnte, wie alt der sich auf meiner Hand windende Gemeine Regenwurm wird. Wie bei einer Prüfung hätte ich sehr viel über bis zu drei Meter tiefe Gänge oder Fragen zur sexuellen Orientierung dieser Ringelwürmer erzählen hätte können, aber leider: Bei dieser Frage durchgefallen.

Mittlerweile habe ich nachgelesen und weiß, dass dieser Lumbricus terrestris genannte Wurm bis zu erstaunlichen zehn Jahren alt wird. Die meisten der anderen 54 in Österreich vorkommenden Regenwurmarten erleben aber auch bei bester Gesundheit das dritte Lebensjahr nicht mehr.

Es gibt keine dummen Fragen, nur dumme Antworten! Das sagt sich natürlich leicht so dahin, aber tatsächlich gibt es viele fiese, trickreiche und vor allem unbeantwortbare Fragen. Nein, ich meine nicht jene nach dem Sinn des Lebens (Antwort: 42), sondern solche, die entweder die Nützlichkeit von bestimmten Tieren („Wozu ist das gut?“) oder spezielle Details zu deren Lebensumständen („Können Käfer auch träumen?“) zum Inhalt haben.

Bei einer Naturführung wurde ich von einem Kind gefragt, was mit Insekten passiert, die von Regentropfen getroffen werden. Fies. Ich kannte keine Studie, die sich jemals damit diesem Problem beschäftigt hätte und deswegen wurde eine Antwort von mir lange erfolgreich prokrastiniert. Doch nach Jahren fand ich endlich Erlösung und ein Forschungsergebnis zur Frage: „How Mosquitos survive raindrop collisions“. Eine Teilantwort zumindest auf meine Frage, wie denn ein Kind auf so eine Frage kommt, fand ich bereits in einer Folge der Zeichentrickserie „Biene Maja“. Der Drohn „Fauler Willi“ gerät im Flug in einen Regenguss und stürzt von einem Tropfen getroffen ab. Da man ja nicht alles glauben soll, was im Fernsehen gezeigt wird, fragte dieses aufgeklärte Kind beim Experten nach.

Also: Es gibt keine dummen Fragen, nur lange Antwortzeiten. Da ein Regentropfen circa 20 km/h schnell ist und ein Mehrfaches der Masse eines Insekts hat, sind solche Kollisionen bedrohlich. Größere Tiere wie Käfer und auch Bienen verkriechen sich unter Blättern oder Steinen. Die sehr leichten Stechmücken hingegen werden beim Fliegen von den Druckwellen der fallenden Tropfen einfach zur Seite geschoben. So weit, so gut, aber die Natur bietet mehr als schweren Schlagregen. Und die Situation wird bei Nieselregen schwieriger, weil dessen viel kleinere Topfen die Gelsen nicht mehr aus dem Weg räumen können. Die Forscher bastelten also eine variabel regulierbare Regetropfenschussmaschine und bemühten zur Erklärung ihrer Beobachtungen Techniken der asiatischen Kampfkunst. Der Kraft des Angreifers wird nachgegeben, sodass sich die zerstörerische Wirkung eines Fausthiebs bzw. Regentropfeneinschlags nicht entfalten kann. Einfacher gesagt: Die Tiere lassen sich ein Stück des Wegs mitreißen und befreien sich noch vor dem Aufschlag auf dem Boden. Cold (and wet) case gelöst!

KLEINE SILBERPFEILE

An welchen Orten der Stadt findet der Mensch Muße und Kontemplation? Auf der Toilette. Dort, in diesem kleinsten Zimmer einer Wohnung, kann man sich bzw. muss man sich sogar entspannen. Die Techniken dazu sind verschieden: Manche legen an diesem Ort kleine Bibliotheken an, andere wiederum finden lektürelos zu sich selbst und fokussieren sich auf diese karge Umgebung. So auch ein Leser, der ein grundsätzlich naturfernes Leben führt, aber gerade in diesen wenigen Minuten der Ein- und Auskehr am Tag diesen Lebensraum sehr genau inspiziert. Er schreibt mir: „Ich beobachte seit Längerem Silberfischchen auf meinem Klo. Anfangs sind sie silbrig, mit dem Alter werden sie dann dunkler. Seltsamerweise finde ich nie tote Silberfische auf dem Boden. Wohin verschwinden diese?"

Schöne Wahrnehmung und gute Frage. Die bayrische Kabarettistin Martina Schwarzmann hat sich in ihrem Song über totgefahrene Mäuse auch schon gefragt, wo denn manche Wildtiere nach ihrem Ableben bleiben. Sie vermutet für dieses Problem Tarneffekte durch graues Fell auf grauer Straße, jagdmüde Bussarde, die sich am Asphaltbuffet bedienen und eine fehlende Lobby.

Im Fall der toten Silberfischchen können wir jedenfalls ausschließen, dass diese wie gepfählte Vampire sofort zu Staub zerfallen. Da diese flügellosen Urinsekten eine hohe Luftfeuchtigkeit von bis zu 90 Prozent bevorzugen, kommen sie nur selten aus den Spalten und Mauerrissen hervor. Sie ernähren sich vom Abweiden des Algen- und Schimmelbewuchses und fressen an feuchtem Papier. Toilettenbiotope bieten all dies und sind für die kleinen Silberpfeile wahre Sehnsuchtsorte. Trotz ihrer geringen Körpergröße können sie bei guter Pflege ein Alter von bis zu acht Jahren erreichen und sind somit treue Begleiter an stillen Orten und in ebensolchen Stunden. Silberfischchen häuten sich regelmäßig und – hier irrt Herr H. – erscheinen zuerst dunkel. Ihnen fehlen anfangs die winzigen silbrigen Schuppen auf ihrem Chitinpanzer, sie zeigen sich erst nach der dritten Häutung. Dunkle Exemplare sind also noch Babys und ein Zeichen von guten klimatischen Bedingungen am Locus necessitatis, dem Ort der Notdurft. Falls sie nicht vorher von Spinnen gefressen werden, ziehen sich Silberfischchen am Ende ihres Lebens tief in Spalten zurück und werden nun ihrerseits von Pilzen zerlegt.

Bei folgender Leseranfrage versuchte ich gefühlte Stunden, eine korrekte und jegliche billige Witzelei vermeidende Antwort zu schreiben: „Die aktuelle Fliegen-Plage: hat die Saison oder liegt's an mir?"

Ja, diese Wuchtel lockt und will ins Netz gedrückt werden. Aber ich widerstand allen Formulierungen, die Körperhygiene oder den Verbleib des Partners betreffend.

Hier fliegt, nein, steht statt leichter Unterhaltung eine interessante Beobachtung im Raum, die der Erklärung bedarf. Bei älteren Wienern heißen jene dicken Brummer, die sich vor den ersten Herbstfrösten in warme Stuben retten und dann gegen unsere Fensterscheiben wummern, „Antschi".

Die in der Anfrage etwas ungenaue Bezeichnung „Fliegen" muss zurechtgerückt werden: Es gibt zwar langbeinige Wintermücken, aber keine eigenen Winterfliegen. Von den etwa 6000 mitteleuropäischen Fliegenarten leben bloß zehn Arten gemeinsam mit uns in Wohnungen. Neben der Großen und der Kleinen Stubenfliege finden sich hier vor allem die metallisch glänzende Schmeißfliege und die dunklere Fleischfliege. Die Larven Letzterer ernähren sich von totem Fleisch, was ihnen die wissenschaftliche Bezeichnung Sarcophagidae (griech.: sarx = Fleisch, phagein = fressen) eingetragen hat.

Fleischfliegen sind lebendgebärend, das heißt, sie legen keine Eier, sondern gleich junge Maden ins Aas. Deswegen dachte man lange Zeit, Fliegen würden quasi durch Urzeugung spontan in faulem Fleisch entstehen.

Obwohl sich die erwachsenen, geflügelten Tiere nur von den zuckerhaltigen Säften matschiger Früchte ernähren, hilft ein solches Vorleben nicht beim Aufbau von Sympathie für diese Insekten. Lieber zerquetschen wir sie gleich auf der Fensterbank, noch bevor wir die Schönheiten dieser Tiere wahrnehmen konnten. Bernhard Grzimek, Herausgeber der gleichnamigen Tierenzyklopädie, wusste, wie man einer Fleischfliege formvollendete Komplimente macht: „Der Glanz ihres Hinterleibs erinnert an Damastleinen."

Die gute Nachricht für alle Leser und Leserinnen, die Sie sich über Fliegenbesuche wundern: Es liegt nicht an Ihnen!

9.
Worüber man nicht sprechen kann

„Pipi-Gacki-Lulli-Geschichten werden immer gerne genommen", meinte der österreichische Sänger Willi Resetarits, als ich bei ihm in seiner Radio-Show „Trost und Rat" als Kunstfigur „Geheimrat" Interessantes aus der Welt der Biologie berichten sollte. Also recherchierte ich dazu und war erstaunt, dass es über Exkremente so viel zu berichten gibt.

Haben Sie sich eigentlich schon einmal gefragt, warum in den Medien so viel über Nahrungsaufnahme, aber so wenig über den umgekehrten Vorgang berichtet wird? Jeder TV-Sender hat seine Kochecke, keine Zeitung ist ohne Gastronomiekolumne und Buchtitel, die sich wie warme Semmeln verkaufen, sind meistens Kochbücher. Doch niemand berichtet über den purgierenden Prozess des Entleerens der Gedärme. „Darüber gibt's auch nichts zu sagen, Sie Ferkel", könnte man da jetzt mit empörter Geste einwerfen.

Aber wenn man den reflexhaften Ekel einmal überwindet und auch die globale Dimension der Stoffströme bedenkt, dann zeigen sich durchaus komplexe und interessante Aspekte eines tabuisierten Themas.

Gäbe es keine koprophagen, also kotfressenden Tiere, würde die Erde bald in den Abfallprodukten ihrer Bewohner versinken. Australien hat das vor nicht allzu langer Zeit eindrucksvoll vorgezeigt: Als bei der Kolonisation des Landes Rinder importiert wurden, musste man bald feststellen, dass die heimischen Insekten nicht in der Lage waren, den Rinderdung aufzuarbeiten. Da jedes Rind täglich etwa zehn Kuhfladen mit einer Fläche von 0,08 Quadratmetern absetzt, wurden damit jedes Jahr etwa eine halbe Million Hektar Weideland unbrauchbar. Als das Problem Mitte der Sechzigerjahre schließlich unübersehbar wurde, begann man, 44 ausländische Mistkäferarten einzuführen. Manche dieser auf den Abbau von Säugetierkot spezialisierten Insekten sind in der Lage, eine Kotmenge von eineinhalb Kilo innerhalb eines Tages in den Boden einzuarbeiten, und so säuberten sie in kurzer Zeit die australischen Weiden.

In Ägypten verehrte man eine dieser Mistkäferarten, den Skarabäus, als Gottheit. Diese Käfer wurden auch einbalsamiert und als Symbol für Auferstehung und Wiedergeburt mit den Toten begraben. Man vermutet daher auch, dass die Pyramiden eigentlich überdimensionale göttliche Dunghaufen darstellen, die die Seele beherbergen wie ein Insekt bei seiner Metamorphose.

Die Exkrementalforschung unterscheidet sich nicht nur methodisch von der Experimentalforschung, sondern auch durch ihre gewählte Sprache. Die Online-Ausgabe von „Spektrum der Wissenschaften" umschreibt die Stoffwechselendprodukte in einem aktuellen Beitrag sehr elegant und spricht von „olfaktorischen Leuchttürmen" und einer „eindeutig runden Formensprache", die sich in der Natur durchgesetzt habe. Der anglophone Wissenschaftler differenziert bei Säugetieren auch noch zwischen „tubes" (Hunde), „pellets" (Kaninchen) oder „splats" (Rinder). Die einzige bislang bekannte Ausnahme wird von Wombats produziert: würfelförmig. Als ob diese wie eine Kreuzung aus Dachs und Meerschweinchen aussehenden Beuteltiere nicht schon so attraktiv genug wären! Nein, sie schlafen

auch noch in einer drolligen Position: Sie drehen sich auf den Rücken und strecken dann alle vier Füße gerade in die Luft. Der einzige Grund, warum der Wombat nicht die Katze auf Facebook abgelöst hat, ist der, dass man für ein solches Foto in eine etwa 20 Meter lange, schmale Erdröhre kriechen müsste. Selbst die meisten Australier haben in ihrem Leben noch keinen Wombat gesehen. Daran gemessen ist der Name vor allem als Akronym sehr präsent: Wombat steht auch für „Waste Of Money, Brains, And Time", oder – viel wertschätzender – für die australische Frauenfahrradvereinigung, „WOmen's Mountain Bike And Tea Society". Unter IT-Nerds gibt es sogar einen regelrechten Wettbewerb der Akronymisierer (z.B.: Wavelength-Oriented Microwave Background Analysis Team), sodass der Ausdruck „wombatting" auch für das Suchen schräger Abkürzungen steht („Just call it something simple, don't wombat").

Aber zurück zur Quadratur des Würstchens: Die ungewöhnliche Form entsteht bei einer besonders langen, entwässernden Darmpassage, während der spezielle anatomische Formen in der Darmwand dem Produkt seine Kanten geben. Für alle, die dies auch zu Hause probieren wollen: Der Schließmuskel ist nicht beteiligt. Bleibt nur die Frage: Wozu der ganze Aufwand?

Vögel müssen für ihre runden Eier eigens Nester bauen, damit diese nicht von Bäumen oder Felsen fallen. Wombats hingegen können ihre Kotwürfel auch auf schiefen Ebenen zur Markierung ihres Territoriums absetzen, ohne dass diese davonrollen. Das nenne ich gute, äh … Handwerkskunst!

Eine seltsame Nachricht erreichte uns aber aus dem Städtchen Elbingerode in Sachsen. Offensichtlich zu Pazifisten konvertierte Jäger wollten ein Problem mit zahlreichen und die Felder verwüstenden Wildschweinen auf ungewöhnliche Weise unter Kontrolle bekommen: Anstatt diese abzuschießen, brachten sie zur Abschreckung der Tiere benützte Windeln an den Zäunen entlang der Äcker an. Da diese nicht von Babys, sondern aus einem Altenheim stammenden Hygieneartikel für inkontinente Patienten Krankheitskeime enthielten, forderte der zuständige Sanitätskreisrat, dass die Windeln wieder entfernt werden sollten.

Der örtliche Landvolk-Vorsitzende meinte hingegen, dass der Duft menschlicher Exkremente durchaus eine gute Abschreckwirkung verspreche. Wir stimmen ihm zu und vermuten, dass Elbingerode noch nicht ganz den touristischen Herausforderungen der Neuzeit gewachsen ist.

GROßE UND KLEINE GESCHÄFTE

„Russische Nationalisten veranstalteten seit gestern am Eingangstor und an der Mauer der US-Botschaft in Moskau ein Wett-Urinieren."

Dieser Pressemeldung in der „Kronen-Zeitung" vom 26. März 1999 war leider nicht zu entnehmen, worin denn eigentlich der Wettbewerb bestand. War Geschwindigkeit bei der Blasenentleerung gefragt oder die maximal benetzte Fläche an Mauerwerk? Ging es gar um die Intensität der Duftmarke, wurden Farbe und Form des Lulu-Tattoos von einer Jury bewertet? Wir wissen es nicht. Fotos des Botschaftsgebäudes sowie des Siegers mit dem noch tröpfelnden Sportgerät blieben uns erspart, aber wir können vermuten, dass es sich beim kompetitiven Urinieren um eine spezifisch maskuline Geste handelt.

Eine neu erschienene Studie unterstützt diese Vermutung und dehnt dieses vor allem von männlichen Hunden und Menschen bekannte Verhalten nun auch auf Hummerrüden aus.

Diese Krebstiere würden einen ihnen überlegenen Artgenossen schon an Menge und Geruch des Urins erkennen, fanden Wissenschaftler der Universität Boston heraus. Je mehr

und je häufiger die Blase entleert werden könne, desto dominanter und ranghöher sei der Hummer, was den schwächeren Individuen sowohl wertvolle Information über den Gegner als auch Zeit zur Flucht gebe.

Ursprünglich wollten die Biologen ja nur der Frage nachgehen, warum Krustentiere überhaupt eine Harnblase haben, wo sie doch ihre Stoffwechselprodukte auch kontinuierlich und in kleinen Mengen ins umgebende Wasser absondern könnten. Da ich mich stets um besondere Lesernähe, populäre Sprachform und Alltagstauglichkeit bemühe, darf der Forschungsansatz nochmals und wienerisch formuliert werden: Warum schwitzen's die nicht einfach heraus, sondern machen sich die Mühe, den Mist zwischenzulagern? Jetzt ist es klar: Auch Männchen haben sich viel zu sagen, sie benützen zur Kommunikation nur ein anderes Organ.

Kleiner Nachtrag: die Harnblase der Krebstiere liegt nicht dort, wo auch der Kaiser diese trägt, sondern direkt vor dem Gehirn an der Basis des zweiten Fühlerpaars.

Kolumnisten wird ja gerne vorgeworfen, sie würden entweder über „jeden Scheiß" oder sogar solchen selbst schreiben. Dank einer Wette in der früheren Samstag-Abend Show „Wetten, dass ..." bei der zwei Tierpfleger 33 Kothäufchen der jeweils ausscheidenden Tierart zuordnen konnten, sorgt dieses Thema hundert Jahre nach Beschreibung der analen Phase durch Sigmund Freud noch immer und verlässlich für Erregung.

„Wir laufen direkt gegen das Dschungelcamp – eure Scheiße können wir schon lange", meinte Gottschalk eigentlich sehr treffend und ehrlich zu den Wettkandidaten.

Weniger Empörung als Erfolg hatte 1989 das wunderbare Kinderbuch „Vom kleinen Maulwurf, der wissen wollte, wer ihm auf den Kopf gemacht hat". Werner Holzwarth textete und Wolf Erlbruch illustrierte den Bestseller, der in 27 verschiedene

Sprachen übersetzt wurde und eine Auflage von rund 1,8 Millionen damit erreichte, dass man erfährt, wie sich der Kot der einzelnen Tierarten unterscheidet. Ganz ekelfrei.

Wahrscheinlich war es die Exotik der exkrementierenden Tierarten, die sogar zu einem Brief („Widerliche Kulturlosigkeit") einer deutschen Europaabgeordneten an das ZDF geführt hat. Die Empörung wäre vermutlich geringer gewesen, wenn eine Gruppe von Jägern gewettet hätte, dass sie die „Losung" den entsprechenden Wildtieren zuordnen könnten. Bildungsfernsehen war es jedenfalls keines, denn sonst hätte man zumindest noch etwas Interessantes zum Thema erfahren. So zum Beispiel, dass die Geruchsschwelle für den hauptsächlich duftverursachenden Inhaltsstoff Skatol für Menschen bei einer Verdünnung von einem Milligramm auf 250.000 Kubikmeter Luft liegt. Sensibel, wie wir darauf sind, nehmen wir also einen winzigen Tropfen davon in einer 200 mal 50 mal 25 Meter großen Halle wahr.

KOT-LETTS

Auch manche Landwirte haben ein Problem mit Rinderfäkalien. Kühe grasen auf der Weide täglich acht bis zehn Stunden und fressen dabei bis zu 80 Kilogramm Gras. Getrunken werden dazu fast 100 Liter Wasser. Diese Mengen werden trotz Wiederkäuen nur schlecht verwertet und drängen in oben beschriebener Form bald wieder ans Tageslicht. Empfängt die Fladen aber nur Kunstlicht, dann werden die Tiere in einem Anbindestall gehalten, der von den Kotmassen regelmäßig gesäubert werden muss. Damit man nicht wie Herkules einen Bach durch den Stall des Augias leiten muss, werden die Rinder oft mittels „Kuhtrainer" zu einer Ablaufrinne gedrängt. Kühe, die ihre Notdurft verrichten wollen, krümmen nämlich ihren

Rücken und dieser berührt dabei einen von der Decke hängenden Elektrobügel, der mittels Stromschlag das Rindvieh an die gewünschte Stelle bugsiert. Ein überaus unangenehmer Beginn des sonst so kontemplativen und kathartischen Akts des Klogangs. Doch Abhilfe ist in Sicht: Geniale Schweizer Ingenieure haben ein „sensorgestütztes System entwickelt, das Milchkühe auf tierfreundliche Art zu mehr Sauberkeit erziehen soll". Und weiter: „Ein in der Schwanzaufhängung (nein, die befindet sich nicht neben der Radaufhängung der Kuh) eingebauter Sensor aktiviert einen schwenkbaren Bügel", der das Tier nun mechanisch aufs rechte Örtchen schiebt. Bravo, ein Triumph des Tierschutzes! Es muss Techniker auch wirklich ärgern, dass es immer noch nicht gelungen ist, Milch direkt aus Gras zu erzeugen.

VOM WINDE VERWEHT

Ein Furz geht um die Welt / es gibt keinen der ihn hält
willst du ihn auch unterdrücken / du brauchst dich nur zu bücken

Erste Allgemeine Verunsicherung

Alle Nachrichtensendungen berichteten von einer „Furz"-Affäre. Ein Jugendlicher war bei einem Zeltfest wegen einem Verstoß gegen das Landessicherheitsgesetz verurteilt worden. Etwas ungelenk heißt es in der Strafbegründung: „Sie haben (...) neben den Beamten und den beteiligten Personen einen Darmwind (Furz) gelassen, was unter den Anwesenden zu großem Gelächter geführt hat." Gelacht wurde über solches allerorten: sachlich wie Beamte, weil es im korrekten Amtsdeutsch besser „Flatulenz" hätte heißen müssen. Süffisant wie Redakteure, die schrieben: „Der Täter allerdings wollte keinen großen Wind um die unangenehme Sache machen." Oder derb, wie

Schreiberlinge in Webforen, die feststellten, dass man in Österreich „wegen jedem Schas" eingesperrt wird.

Auch die Wissenschaft ist vor dieser Extremental-Witzelsucht nicht gefeit: 1998 erhielt die Psychoanalytikerin Mara Sidoli für die Studie „Furzen als Verteidigungsreaktion auf unaussprechliche Angst" den Ig Nobel, eine Art halblustigen Anti-Nobelpreis. Die Studie war absolut seriös und befasste sich mit traumatisierten Jugendlichen, aber das F-Wort im Titel war für die Jury offenbar schon ausreichend.

Als man feststellte, dass Methangas ein besonders klimarelevantes Treibhausgas ist und dieses zu einem großen Teil durch Rinder freigesetzt wird, war dies ebenso eine tierische Lachnummer. Zuerst waren viele Unbedarfte belustigt, weil man dachte, die Kühe würden das Gas vor allem durch den Darm freigeben. Dabei entsteht das Methan durch Bakterien beim Zelluloseabbau und wird beim Wiederkäuen ausgeatmet. Nein, nicht ausgerülpst, sondern gleichmäßig freigesetzt. Aber wenn's das Publikum belustigt, kann man noch einen drauflegen: Da auch beim nassen Reisanbau viel Methan entsteht, haben Forscher diese physiologischen Vorgänge im Inneren der Pflanze untersucht. Wo fanden diese Freilandversuche statt: tatsächlich in der italienischen Po-Ebene. Ich hab das überprüft, darauf können Sie einen – nein – sich verlassen.

Kühe kann man essen. Aber auch Ledersofas, Schuhe und Kleinzeugs wie die Bespannung für Tennisschläger kann man aus ihnen herstellen. Deswegen heißen sie ja auch Nutztiere. Die Bewohner der schwedischen Stadt Karlskoga wollen jetzt aber noch mehr Nutzen aus unseren kuhäugigen Freunden ziehen und wollen ihre Häuser mit zermahlenen Tierkadavern heizen. Eine Firma namens Konvex wird die Wohnungen mit dieser erneuerbaren Energiequelle beliefern und wirbt damit, dass der Brennwert des Produkts jenem von Holz entspreche, denn die „Kühe enthalten vergleichsweise zwar mehr Wasser, aber dafür auch mehr Kohle". Wie darf man sich das „Produkt" denn vorstellen? „Die neue Brennmasse kann mit Faschiertem verglichen werden, aber sie sieht ein bisschen grauer aus", meint der Geschäftsführer von Konvex. Na ja, zumindest optisch wird sich ein Holzstoß neben dem Kamin weiterhin besser machen.

Ökologisch ist diese Idee aber erst recht nicht: Schon zu Lebzeiten sind Rinder wesentliche Verursacher von Treibhausgasen. Im Pansen entstehen bei der Verdauung pro Rind und Jahr 100.000 Liter Methangas, das in die Atmosphäre entweicht. Dabei heizt dieselbe Menge Methan die Klimaerwärmung 35-mal mehr an als Kohlendioxid. Da es weltweit etwa 1,4 Milliarden Rinder gibt, ist die Auswirkung auf die Erderwärmung durchaus wesentlich. Und jetzt will man noch zusätzlich die kohlereichen Überreste der Kühe verbrennen und damit den CO_2-Ausstoß erhöhen. Die spinnen, die Schweden!

Nur die Schweden? Nein! Auch ein von unbeugsamen Burgenländern bevölkertes Dorf namens Rust will mehr Nutzen aus seinen Wiederkäuern ziehen. Am einem Nationalfeiertag fand in Rust das erste Kuhfladen-Bingo Österreichs – ja, wahrscheinlich sogar der Welt – statt. Der örtliche Sportplatz wurde in 300 nummerierte Felder aufgeteilt, auf welche die Teilnehmer nicht sich, sondern ihr Los setzen konnten. Dann wurde eine Kuh namens Susi auf den Platz getrieben und – Sie ahnen es – auf wessen Feld die Flade fiel, der erhielt den Hauptpreis.

Man hatte sich für dieses, nun ja, innovative Glücksspiel entschieden, um das Budget etwas „aufzufetten". Eine schöne Metapher, an die die Ruster Fußballer beim nächsten Training sicherlich gerne denken werden.

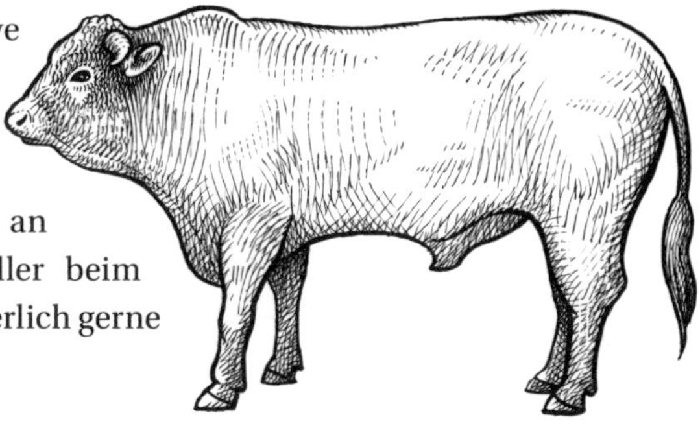

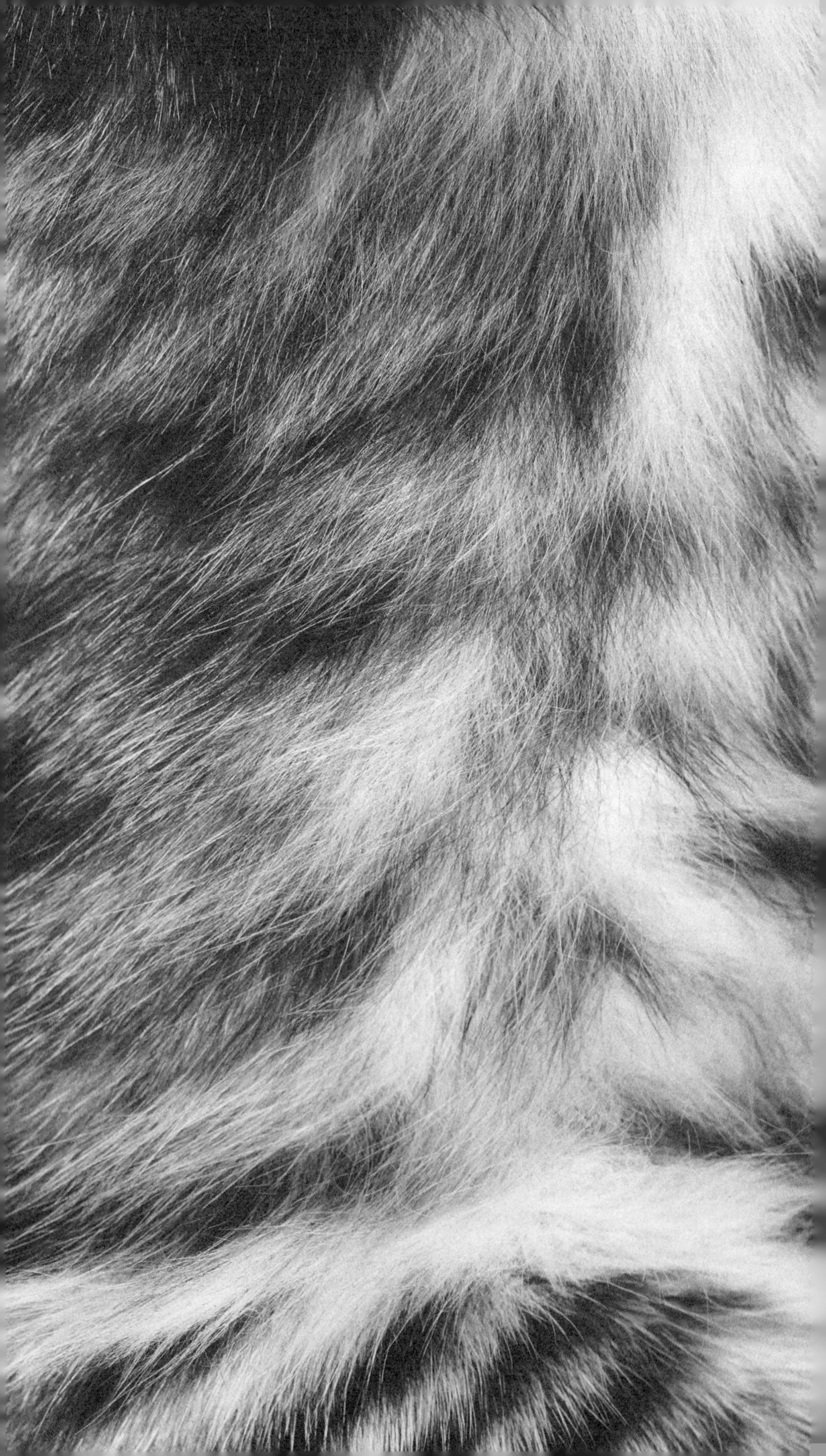

10. Versöhnungen

In Madrid gab es bis in die 1970er Jahre noch Nachtwächter, die nach Einbruch der Dunkelheit durch die Gassen wanderten. Nachtschwärmer konnten diese meist schon sehr alten Männer durch Händeklatschen herbeirufen, damit sie ihnen gegen ein kleines Entgelt das Haustor aufsperrten. Ungeduldigen Touristen, die diesen Brauch nicht kannten und lärmend an die Türen klopften, kamen sie gemächlichen Schrittes und mit ihrem großen Schlüsselbund rasselnd entgegen und riefen ihrerseits beschwichtigend „Sosiégate", (dt.: beruhige dich, sei gemächlich). Diese Männer wurden „Serenos", also die „Gelassenen" genannt.

Angesichts der hysterischen Reaktionen, Entrüstungen und Dramatisierungen, die auf gesellschaftlicher wie persönlicher Ebene entstehen, wenn es um den Kontakt mit Tieren geht, möchte ich den Aufregern oft auch „Sosiégate" zurufen.

Frans de Waal, ein renommierter niederländischer Zoologe und Verhaltensforscher, schreibt im Vorwort zu seinem 1989 erschienenen Buch „Wilde Diplomaten – Versöhnung und Entspannungspolitik bei Affen und Menschen": „Wissenschaftler, die sich mit Aggression befassen, haben dennoch ganz und gar die Mittel und Wege ignoriert, mit deren Hilfe die Flammen der Aggression gelöscht werden. Wir wissen eine ganze Menge über die Ursachen für feindseliges Verhalten bei Tieren als auch bei Menschen, bei den Hormonen und der Gehirnaktivität angefangen bis zu den kulturellen Einflüssen. Über die Möglichkeiten, Konflikte zu vermeiden oder wie – wenn sie doch auftreten – Beziehungen danach wiederhergestellt und normalisiert werden, wissen wir aber so gut wie nichts."

De Waal forschte dazu bei Schimpansen, die ebenso wie wir untereinander Freunde und Rivalen sind, sich streiten, aber gleichzeitig auch ein starkes Verlangen nach Tröstung und freundlichem Körperkontakt haben. Auch Schimpansen wissen, dass sie manchmal eine Auseinandersetzung nicht gewinnen können, ohne dabei einen Freund zu verlieren. Dafür gibt es nur zwei Lösungen: Entweder vermeiden sie diesen Wettkampf oder sie bemühen sich darum, die soziale Beziehung im Nachhinein wieder zu kitten. Die eine Strategie nennen wir Toleranz, die andere Versöhnung. Auch wir kennen diese Optionen, aber der Unterschied zwischen uns und unseren nächsten Verwandten besteht vor allem in der zeitlichen Dauer: Affen stellen freundschaftliche Kontakte innerhalb von wenigen Minuten wieder her, während Menschen nach einem Streit oft Tage, Monate oder Jahre dafür brauchen. Manchmal wird dieser soziale Bruch sogar über Generationen weitergegeben, was wir vor allem bei nationalstaatlichen und ethnischen Konflikten sehen.

Vielleicht können wir uns bei unseren Versöhnungsstrategien in diesem Fall an den Schimpansen orientieren. Frieden zu stiften sollte uns dann zumindest ebenso leichtfallen wie Kriege zu führen.

BELÄSTIGUNGEN

Eigentlich könnten späte Herbsttage sehr entspannt sein: Man kann seinen Körper dann und wann an den warmen Heizkörper schmiegen, den wirbeligen Wegen der fallenden Blätter zusehen und die wie von Geisterhand gesteuerten Schwarmflüge der Stare bewundern.

Oder man kann sich belästigt fühlen. So wie der Präsident des burgenländischen Weinbauverbands, der es nicht fassen kann, dass BirdLife Österreich den Star zum Vogel des Jahres 2018 ausgerufen, also quasi den Todfeind der Weinbauern zum schützenswerten Tier ernannt hat. Dabei wurde diese Vogel-

art noch Anfang des 20. Jahrhunderts als Nützling geschätzt, der sich von landwirtschaftlich unerwünschten Insekten ernährt. Diese Arbeit erledigen jetzt Pestizide, da braucht es keine Stare mehr. Nur mit einem schillernden Federkleid schön auszusehen, zwanzig Jahre alt zu werden und Umgebungsgeräusche imitieren zu können, das ist heutzutage einfach zu wenig, um Teil der Naturlandschaft in Österreich sein zu dürfen.

Belästigt fühlen sich im Herbst auch viele Menschen von den „kleinen Fliegerln", die dann bevorzugt über gut abgehangenem Obst in der Wohnung kreisen. Fälschlich Fruchtfliege genannt, handelt es sich dabei um das Wappentier der Genetik, die Drosophila alias Tau- oder Essigfliege. „Man mag es bedauern," schreibt der Nobelpreisträger François Jacob, „dass der Name Drosophila, der eigentlich ‚sie mag Flüssigkeiten' bedeutet, einem anderen vorgezogen wurde, den früher einige Insektenforscher verwendeten: Oenopota, die Weintrinkerin."

Nichts wirkt anziehender auf diese Zweiflügler als der Saft vergorener Früchte. Die als biologische Bekämpfungsmethode empfohlenen Fallen mit zerdrücktem Bananenmus und Rotwein bewirken daher genau das Gegenteil: sie locken Taufliegen aus der ganzen Nachbarschaft an. Mein Rat: Geben Sie nach ein paar karmaschädigenden Zerquetschungsversuchen und unschönen Fuchteleien ihren neuen Fliegenfreunden lieber einen aus und beobachten Sie die Tiere bei der Balz: Zuerst betastet das Männchen das Weibchen mit den Vorderfüßen, dann fächelt er Luft in ihre Richtung. Sie antwortet mit vibrierenden Flügeln und entscheidet sich, ob sie ihn als Partner akzeptiert. Andernfalls schwirrt sie ab. Das machen die Fliegenfrauen zum Glück sehr oft, denn wenn alle Annäherungsversuche erfolgreich wären und die daraus entstehenden Nachkommen auch alle überleben würden, gäbe es nach einem Jahr 10 hoch 41 stramme Drosophiliden.

BERÜHRUNGEN

Die Sympathieträger unter den Insekten sind Schmetterlinge. Okay, nicht die kleinen Babyschmetterlinge, die uns in ihrer Erscheinungsform als Raupen die Kirschen vom Baum fressen, sondern nur die bunten, flatterhaften Wesen. In Österreich gibt es etwa 4000 verschiedene Schmetterlingsarten, aber nur 215 davon gehören zu den beliebten Tagfaltern. Diese erkennt man nicht nur an ihren farbenfrohen Flügeln, sondern auch daran, dass sie diese in Ruheposition über dem Rücken aufstellen, sodass man die Flügelunterseite sieht. Das hilft uns dabei, sie anzufassen. Paradoxerweise erklären viele Raupenhasser ihren Kindern, dass man Schmetterlinge nicht berühren dürfe, weil diese dann den „Staub" von den Flügeln verlieren und sterben würden. Stimmt aber nicht.

Schmetterlinge können lange Strecken fliegen, überleben Vogelattacken und Stürme. Daher halten sie es auch aus, wenn man sie an den hochgeklappten Flügeln mit zartem Druck anfasst. Die Brust und den Hinterleib sollte man aber nie angreifen. Zum genaueren Betrachten hält man sie dann unter ein umgedrehtes Glas, wo sie ruhig sitzenbleiben.

Ein Vorschlag zur Abrüstung und Beruhigung auf Balkon und Garten: Pflanzen Sie Futterpflanzen für Tagfalter an. Edelfalter wie das Tagpfauenauge oder der Kleine Fuchs entwickeln sich bevorzugt an Brennnesseln. Andere lieben Rotklee, Gräser oder Kohlgewächse. Plötzlich freut man sich, wenn sich die Insekten gut entwickeln. Einem Schmetterling beim Schlüpfen zusehen ist allemal ein besseres Erlebnis, als Kohl zu verkochen.

GESPRÄCHSTHEMEN

Wie begegnet man als kleiner Tierfreund dem ständigen Wehklagen seiner sozialen Umgebung über die Anwesenheit anderer Lebewesen? Hat man in geselliger Runde die Klagen über das Wetter, das nie so ist, wie es sein könnte, abgeschlossen, dann fokussiert sich das allgemeine Lamento auf ein Thema, zu dem jeder etwas beizutragen hat: das sogenannte Ungeziefer.

Sitzt man in geselliger Runde und eine Fliege auf dem Bierglas, prötzelt man gern mit seinem bisschen Halbwissen und ruft: „Igitt! Wusstet ihr eigentlich, dass Fliegen mit ihrem Speichel 12.500 Krankheiten übertragen können?"

Viel geistreicher wäre es, über das summende Insekt zu sinnieren und Goethe zu zitieren: „Sie saugt mit Gier verräterisches Getränke / Unabgesetzt vom ersten Zug verführt / Sie fühlt sich wohl, und längst sind die Gelenke / der zarten Beinchen schon paralysiert."

Damit das nun nicht zu schnöselig wirkt (Biertrinkerrunden stehen ja oft der humanistischen Konversation nicht so aufgeschlossen gegenüber), bietet sich in Folge ein kleines, simples Wortspielchen an: „Habt ihr übrigens Erica Jongs ‚Angst vorm Fliegen' gelesen?"

Wenn auch das noch zu intellektuell war, dann lenken Sie das Gespräch doch auf das hervorspringende Merkmal einer Fliege, ihre großen Augen und das Wahrnehmungsvermögen: „Schmeißfliegen können noch einzelne Vorgänge voneinander unterscheiden, die innerhalb einer Zweihundertstelsekunde ablaufen. Bei Menschen verschmelzen bereits 24 Einzelbilder pro Sekunde zu einem Bild."

Falls sich Ihre Gesprächspartner weiterhin verschließen und beginnen, mit Gegenständen nach Ihnen zu werfen, nutzen Sie doch einfach diese Energie für eine kleine Geschicklichkeitsübung, den Fang einer Fliege mit der bloßen Hand. Das garantiert viel Spaß, denn die Reaktionsgeschwindigkeit eines Menschen liegt bei einer Zehntelsekunde, der Startsprung einer Fliege dauert eine Fünfzigstelsekunde und das Trocknen bierdurchtränkter Hosen etwa eine Stunde.

KISS OF LIFE, LIGHT OF LOVE

Mund-zu-Mund-Beatmung ist die hilfreiche Maßnahme schlecht-hin, um einen Atem- und Kreislaufstillstand zu beenden. Dies hilft auch, wenn sich winterlich geschwächte Körper ungewohnten Freizeitaktivitäten hingeben: Eine längere Wanderung, dem Hund das Hölzchen werfen und schon liegt er bewusstlos da, der beste und verfettete Freund des Menschen.

Aber wie beatmet man andere Lebewesen korrekt? Das Tier auf die rechte Körperseite legen und ungefähr an der Stelle, wo der Ellbogen des Vorderbeins die Brust berührt, den Herzschlag suchen. Das Maul des Hundes schließen und durch die Nasenlöcher Luft hineinblasen. Dazu abwechselnd mit einer Hand den Brustkorb unterstützen und mit der anderen, circa zweimal pro Sekunde auf das Herz drücken. Dank dieser Technik konnte der Ex-US-Außenminister John Kerry 2004 seinen Hamster retten, der den Demokraten auf einem Bootsausflug mit Familie begleitete. Der Nager fiel dabei zuerst ins Wasser und dann in Ohnmacht. Dank beherzter Massage und Frischluftzufuhr überlebte er den Tauchgang. Kerry hingegen verlor trotz rührender Presseberichte die Wahl gegen George W. Bush.

Was aber, wenn das zu rettende Lebewesen keine feuchte Nase, sondern einen Schnabel trägt? Je nach Größe des Vogels umschließt man mit den Lippen entweder den ganzen Schnabel (Empfehlung für Kanarienvögel) oder nur die am oberen Ende befindlichen Nasenlöcher (für den Fall, dass ein Adler gegen das Auto geflogen ist). Das Herz finden Sie etwa unterhalb der Mitte des Brustbeins.

Auch bei Fischen kann es in Folge eines Lebendfangs oder sonstiger Erschöpfung zum Atemstillstand kommen. Hier wird nicht mehr geküsst, sondern der schuppige Freund am Schwanz gehalten und langsam durchs Wasser gezogen, so dass die Kiemen von sauerstoffreicher Flüssigkeit umspült werden.
Bei Insekten wird die Sache schon komplizierter. Diese atmen nicht durch den Mund, sondern transportieren die Luft von kleinen Öffnungen in der Körperwand über winzige Röhren direkt zum jeweiligen Organ. Am besten drücken Sie mit einer weichen Federpinzette den Hinterleib zusammen. Please, try this at home!

„Wisst ihr auch, weshalb bei Nacht / die Funken sprühen? Kennt ihr die geheime Macht, / durch die sie glühen?“

Der Operetten-Schlager von 1902, „Das Glühwürmchen“, brachte dem Berliner Komponisten Paul Lincke ein Vermögen ein, denn er wurde in den USA zum Hit und wird dort in der englischen Übersetzung auch heute noch gern gecovert. Dieses Hohelied auf das elektrische Licht war das, was der Berliner eine Gemütskiste und andere eine Schnulze nennen. Doch hundert Jahre später wird gerade der zunehmende Verlust der Dunkelheit durch künstliche Beleuchtung den Leuchtkäfern zum Verhängnis. Die Bestände gehen weltweit zurück.

Über die weiteren Ursachen, Fragen der Systematik und Maßnahmen zum Erhalt dieser weichhäutigen Käfer trafen sich 2010 Wissenschaftler in Selangor, einem Bundesstaat und Sultanat in Malaysia. Dort liegt das Firefly Park Resort, das einzige Leuchtkäfer-Schutzgebiet der Welt, oder wie es der malaiische Tourismusverband eher sieht, das „Achte Weltwunder“ und das „Herz des Leuchtkäfer-Ökotourismus“.

Und eine nächtliche Fahrt auf den lautlos dahingleitenden Elektrobooten ist tatsächlich beeindruckend: Entlang des Selangor River leben in den Baumkronen Myriaden verschiedener Leuchtkäferarten, die – im Unter-

schied zu den europäischen „Glühwürmchen“ – in bestimmten Rhythmen aufblinken. Diese Fähigkeit zu leuchten war ursprünglich vermutlich nur eine Maßnahme zur Abschreckung von Feinden, später entwickelte sich daraus auch ein Fortpflanzungsritual. Die Weibchen lassen zwei Segmente ihres Hinterkörpers in arttypischen Frequenzen aufleuchten und ziehen damit die Männchen an. Auf Grund einer chemischen Reaktion der körpereigenen Substanz Luciferin mit Sauerstoff entsteht ein kaltes Licht, sodass die Käfer nicht wie Motten in der Flamme verbrennen. Doch bei der Leuchtkäfer-Gattung Photuris wartet am Ende auch der Tod: Die Weibchen imitieren das Blinkmuster einer anderen Art – und die auf diese Wiese angelockten Käferböcke werden einfach aufgefressen. Deswegen werden diese Tiere auch umgangssprachlich „Femme-fatale-Käfer“ genannt. Feministische Entomologen lehnen diese chauvinistische Bezeichnung natürlich ab.

ARTENBLINDHEIT

In der Medizin ist das Symptom der „Gesichtsblindheit“ bekannt. Menschen, die davon betroffen sind, können nur auf Grund des Gesichts ihnen bekannte Personen nicht erkennen. Die Ursache dafür liegt meist in Verletzungen bestimmter Bereiche des Gehirns.

Die mangelnde Fähigkeit, andere Tier- und Pflanzenarten wiederzuerkennen und benennen zu können, hat hingegen mehr mit Ignoranz und/oder mangelnder Schulbildung zu tun.

2008 erhob eine Studie, die augenzwinkernd BISA – Bird Identification Skill Assessment – genannt wurde, die Kenntnisse der häufigsten Vogelarten in Bayern von 3000 Schulpflichtigen. Im Durchschnitt erkannten die Schüler vier von zwölf Arten, 240 von ihnen sogar keinen einzigen Vogel.

Sind das irrelevante Klagen über den Verlust abendländischer Bildungskultur? Oder ist es nur ein auf ein bestimmtes Thema zugeschnittener Befund, den man vermutlich mit ebenso schlechten Resultaten zu Fragen über Opernsänger, Hauptstädte anderer Länder und sonstige für die Bewältigung das Alltags und seiner Probleme irrelevante Themen erhält?

Dem gegenüber stehen neue öffentliche Aufgaben wie Umgang mit invasiven Arten, dem Insektensterben und die Schließung der „Welpenroute". Dafür brauchte es auch in der Bevölkerung etwas mehr differenzierendes Wissen als nur Hirsch und Kuh auseinanderhalten zu können. Artenkenntnis allein löst natürlich keine Probleme, doch sie ermöglicht es, dass man sich über eigene Wahrnehmungen überhaupt mit anderen unterhalten kann. Sonst bleibt man in seiner engen Welt der „grünen Dinger am Kohlrabi" und „grauen Würmer, die einen vielleicht sicher gebissen" haben, gefangen.

Artenblindheit ist heilbar!

FREUDENHAUSTIERE

Seit Jahrtausenden werden Tiere gefürchtet, vergöttert, gezüchtet und als Prestigeobjekt verwendet. Langsam entdeckt man, dass uns Tiere und nicht nur glücklich, sondern auch gesund machen können.

Die Frage erscheint zunächst ganz einfach zu sein: Warum halten sich Menschen Haustiere? Die Antwort: Weil wir seit Anbeginn unserer Zivilisation Nutzen aus ihnen ziehen. Hunde waren bereits während der Würm-Kaltzeit vor etwa 40.000 Jahren ständige Begleiter der menschlichen Jäger- und Sammler-Kultur. Vor circa 12.000 Jahren gelang während der sogenannten Neolithischen Revolution der Wandel zur Sesshaftigkeit noch vor der Pflanzenzucht durch die Domestikation von wilden Schafen, Rindern und Ziegen. Aber die Beziehungen des Menschen zu den Tieren allein auf diesen Nützlichkeitsaspekt zu reduzieren, wäre viel zu kurz gegriffen. Ein witzelnder Spruch deutet diese zweite, nicht minder wichtige Funktion tierischer Begleiter an: „Grundsätzlich betrachtet gibt es zwei Arten von Haustieren: Nutzhaustiere und Freudenhaustiere."

In den 1990er Jahren haben Wissenschaftler in England vor Supermärkten und Volkshochschulen Passanten dazu befragt, ob diese erwägen, ein Haustier anzuschaffen oder nicht. Die durchaus umfassenden Fragebögen erhoben auch die Beziehungen dieser Menschen zu ihrem sozialen Umfeld. Die Studie kam zu dem interessanten Ergebnis, dass jene Menschen, die planten, ein Tier anzuschaffen, ihre Beziehungen zu anderen als konfliktreicher und unbeständiger beschrieben als jene Teilnehmer, die sich nicht dafür interessierten. Offenbar erleben viele Leute den Kontakt mit Haustieren als emotional bereichernd und sicherer als die oft problematischen Bindungen zu ihren Mitmenschen.

Daraus könnte man den ebenso voreiligen wie falschen Schluss ziehen, dass diese Form der Tierhaltung bloß eine Ersatzhandlung von und für Menschen mit gestörtem Sozialleben oder möglicherweise noch weitergehenden Problemen sei.

Auch in der öffentlichen Meinung werden Mensch-Tier-Beziehungen von vielen Vorurteilen begleitet: Jungen Paaren, die sich eine Katze zulegen, wird gerne unterstellt, sich in Wirklichkeit ein „Kind mit Pelz" gekauft zu haben, Besitzer von Kampfhunden sind angeblich Menschen mit Minderwertigkeitsgefühlen und Reptilienhalter wollen eigentlich nur ihr eigenes farbloses Leben mit Exotik aufwerten. Und dergleichen mehr.

Würde man diesen Unterstellungen folgen, dann gäbe es für einen „gesunden" Menschen eigentlich keine gesellschaftlich akzeptierte Begründung, mit einem Tier zusammenzuleben.

Dem gegenüber steht das Faktum, dass es weltweit in etwa 500 Millionen Haushunde und 200 Millionen Hauskatzen gibt.

Für Österreich gibt es auch nur Schätzungen: In 800.000 Haushalten werden 1,5 Millionen Katzen gehalten und in circa einer halben Million Haushalte gibt es fast 600.000 Hunde. Dann folgt eine lange Liste anderer Kleintierarten wie Meerschweinchen (64.000), Goldhamster (30.000) und Zwerghasen (65.000). Darüber hinaus gibt es etwa 120.000 Aquarien mit vielen verschiedenen Fischen. Würde man in dieser kurzen Statistik jeden einzeln mitzählen, dann wären Fische eindeutig die beliebtesten Haustiere des Landes. Diese Zahlen lassen eigentlich nur einen Schluss zu: Tiere erfüllen ganz offenbar eine wichtige und stabilisierende Funktion für das Wohlbefinden der Menschen.

Dieser Befund deckt sich auch sehr gut mit der offiziellen Definition der Weltgesundheitsorganisation, die Gesundheit als „einen Zustand des vollständigen körperlichen, geistigen und sozialen Wohlergehens und nicht nur das Fehlen von Krankheit oder Gebrechen“ beschreibt. Die positive, emotional stimulierende Interaktion mit anderen Lebewesen spielt dabei eine wichtige Rolle.

Bei einer klinischen Studie zu den Folgen eines Herzinfarkts überlebten in jener Gruppe von Patienten, die ein Haustier hatten, 95 Prozent mehr als ein Jahr. In der tierlosen Vergleichsgruppe waren es nur 72 Prozent. Noch repräsentativer ist eine Langzeiterhebung aus Deutschland, welche über einen Zeitraum von fünf Jahren die Anzahl der Arztbesuche von Heimtierhaltern und Menschen ohne Kontakt zu Tieren verglich: Letztere ließen sich um sieben Prozent öfter medizinisch behandeln.

Die Neurobiologie bemüht sich deswegen zunehmend um Erklärungen für diese deutlichen psychischen und somatischen Auswirkungen von Haustieren auf Menschen jeden Alters.

Menschen sind als evolutionsbiologische „Rudeltiere“ im Besonderen auf die soziale Resonanz ihrer Umwelt angewiesen. Vor allem in frühen Phasen der Entwicklung des Nervensystems fördern positive Zuwendung von Bezugspersonen, Lächeln, Streicheln, freundlicher Augenkontakt die Entwicklung und das Wohlbefinden.

Haustiere haben im Unterschied zu Menschen eine wesentliche Eigenschaft: Sie urteilen nicht. Weder das Aussehen noch besondere Fähigkeiten oder der gesellschaftliche Stauts eines Menschen sind dafür ausschlaggebend, ob man von einem Tier akzeptiert wird. Bedingungslos zeigen Tiere ihre Zuneigung durch Freudensprünge, Schwanzwedeln, Entgegenlaufen oder Schnurren. Sie reagieren auf uns, sie suchen den körperlichen Kontakt, sie hören zu und freuen sich über die Gesellschaft eines Menschen.

Dieses Verhalten entspricht im Prinzip den Anforderungen, die an einen klientenzentriert arbeitenden Therapeuten gestellt werden: Eine Behandlung gelingt, wenn der Klient bedingungslose, positive Zuwendung erfährt, ihm empathisches Verstehen entgegengebracht wird und wenn alle Äußerungen des Klienten ohne Zweifeln und ohne Beurteilung akzeptiert werden.

Wenn wir andere Menschen oder Tiere sanft mit der Hand berühren, dann produziert unser Körper verschiedene Hormone, von denen vor allem Oxytocin, das sogenannte „Kuschelhormon", die soziale Interaktionen verstärkt. Erhard Olbrich, Professor an der Universität Erlangen-Nürnberg, der durch seine Forschungen zur Psychologie der Mensch-Tier-Beziehung bekannt wurde, nennt es das „endokrinologische Pendant zu Kerzenlicht, leiser Musik und einem Glas Wein". Streichelt man sein Haustier, dann steigt bei beiden das Oxytocin-Niveau an und beide Seiten erleben das Gefühl, geliebt und akzeptiert zu werden.

Im deutschen Sprachraum kommen Hunde besonders in jenen Bereichen zum Einsatz, in denen keine oder nur minimale mündliche Kommunikation mit den Patienten möglich ist – wie zum Beispiel bei Sprachstörungen, Gehörlosigkeit, Autismus. Bereits weiter verbreitet ist der Besuchshundedienst in Pflege-

und Altenheimen, Kindergärten oder Schulen. In Deutschland gibt es ein erfolgreich laufendes pädagogisches Programm, bei dem Tiere als sogenannte Lesehunde eingesetzt werden. Dabei liest ein Schüler dem entsprechend ausgebildeten Hund im Rahmen einer Förderstunde vor. Nicht nur die Leseleistung verbesserte sich deutlich, die Anwesenheit des Hundes verbesserte auch die Motivation und Emotionen der Schüler, wie eine begleitende Evaluation ergab.

Sogar die Europäische Kommission veröffentlichte bereits 2007 den Bericht „Cooperation in the Field of Scientific and Technical Research“, in dem zu lesen war: „Es gibt überzeugende empirische Evidenz, die bestätigt, dass ein enger Kontakt mit der Natur, mit Tieren und Pflanzen die Gesundheit und die Lebensqualität von Menschen fördert.“

Kann diese schwierige und belastete Beziehung der Großstädter zu den – das gleiche Habitat mitbewohnenden – Tieren noch gerettet werden?

„Die Lichter der Großstadt sind wie glänzende Tropfen in einem Ozean der Finsternis“, schrieb der französische Philosoph Joseph Joubert. Vor 175 Jahren allerdings, als man sich noch an den leuchtenden Segnungen der Zivilisation erfreuen konnte und von der Aufdringlichkeit postmoderner Leuchtreklamen und der Lichtverschmutzung in den Ballungsräumen weit entfernt war. Für viele nachtaktive Tiere gelten

jedenfalls Jouberts poetische Betrachtungen heute noch, denn sie werden zum Teil über große Entfernungen aus dem ländlichen Umland in die hell strahlenden urbanen Zentren gelockt. Dies fiel bereits dem Wiener Zoologen Wilhelm Kühnelt auf, als er in den fünfziger Jahren zu Beginn der Wirtschaftswunderjahre an den nun auch nächtens beleuchteten Schaufenstern eine Vielzahl seltener Käfer und Schmetterlinge entdeckte und so den Begriff „Stadtökologie" als wissenschaftliche Disziplin der Biologie einführte. Wer sich daher die Zeit nimmt innezuhalten und sich gestattet, über das Leben im Allgemeinen und im Speziellen nachzudenken, der kann in diesem besonderen Moment der Kontemplation plötzlich seine Umgebung in ungewohnter Klarheit wahrnehmen. Die Stubenfliege, die stundenlang und ohne vom Kurs abzuweichen um die Lampe kreist, wird sich als verwirrtes, eigentlich einen Baumwipfel als Partnertreffpunkt suchendes Wesen zu erkennen geben, das sich innerhalb der Stadt nur maximal 650 Meter vom Ort sei-

ner Geburt entfernt. An der um die Lampe der Eingangstür flatternden Florfliege wird man goldene Augen entdecken und die vermeintlich nur im Ultraschallbereich rufenden Fledermäuse werden auf einmal mit ihren keckernden Verständigungslauten hörbar werden. Schon ein altes Zitat weiß: „Die Schönheit liegt im Auge des Betrachters."

WARUM WIR LÄMMER LIEBEN

„Bäh", sagt das Schaf, und damit beginnt schon das Missverständnis. „Bäh" ist für den Menschen Ausdruck von Ekel und Verdrossenheit, für Schafe aber der Urlaut schlechthin.

W. Schels, S. Schwabenthan: „Die Seele der Tiere"

In den Lehrplänen der Schulen ist das Imitieren von Tierlauten nicht mehr vorgesehen. Daher gibt es auch oft Verunsicherung darüber, wie die korrekte Lautäußerung von Schafen oder Ziegen klingt. Dazu müsste man nur bei den Gebrüdern Grimm im Märchen „Tischlein deck dich" nachlesen: „Die Ziege antwortete: ‚Ich bin so satt, ich mag kein Blatt: meh! meh!'" Also: Ziegen meckern, Schafe blöken. Bäh!

Der Untertitel dieses Buchs verspricht eine Antwort auf die Frage, warum wir Lämmer lieben. Dazu gibt es viele Theorien, die hier quasi als Nachtisch serviert werden und aus denen sich die Leser die ihnen liebste gerne selbst aussuchen dürfen.

Die biologische Erklärung: Schafe gehören neben den mit ihnen nahe verwandten Ziegen zu den ältesten Haustieren, die wir wegen ihrem Fleisch domestiziert haben. Als Wiederkäuer können sie die nährstoffarme Zellulose der Gräser in ihren mehrteiligen Mägen fermentieren, diese durch Bakterien in einen eiweißreichen Nahrungsbrei umwandeln und damit

Muskeln, also Fleisch aufbauen. Die erst einige tausend Jahre später von Wild- zu Haustieren mutierten Schweine sind als Allesfresser hingegen Nahrungskonkurrenten des Menschen und können ihr Futter auch bei Weitem nicht so effizient zu Körpermasse verarbeiten.

Rinder sind zwar auch Wiederkäuer, aber in der Haltung anspruchsvoller und gefährlicher. Das belegen die auch hier im Buch schon beschriebenen sommerlichen Rempeleien mit Wanderern auf den Almen.

Der kulturlandschaftliche Zugang: In der Malerei der Romantik sind Landschaften mit darin weidenden Schafen ein beliebtes Motiv. Dies ist ein schöner Hinweis auf eine weitere wichtige Funktion dieser Tiere: Sie können auch in Gebieten weiden, wo es für Kühe zu sumpfig oder karg ist und sie grasen dort den nachwachsenden Baumbestand ab. So bleiben diese Gegenden frei von Wald und können sukzessive auch von Menschen genutzt werden.

Die religiöse Deutung: Während die Taube für den Heiligen Geist steht, nimmt das Lamm Gottes so wie Jesus die Sünden der Welt auf sich und opfert sich für uns Menschen. Das zur Schlachtbank geführte Schaf symbolisiert die Selbstopferung Gottes und beweist die uns trotz – oder wegen – seiner Kreuzigung teilwerdende Gnade. Ein französischer Schwank aus dem 18. Jahrhundert von Antoine d'Ouville zeigt uns, dass der christliche Gedanke vom opferbereiten Lamm dem gemeinen Volk nicht unbedingt einleuchten muss: Ein

Bauerntölpel, der sich kein Gebet merken konnte, wurde bei der Osterbeichte vom Pfarrer bedrängt, sich doch wenigstens das Stoßgebet „O du Lamm Gottes ..." einzuprägen. Als dieser nach einem Jahr wieder im Beichtstuhl saß, fragte ihn der Priester, ob er das Gebet noch aufsagen könne. Selbstverständlich, antwortete der: „O du Schaf Gottes ..." Der Pfarrer tobte, aber der Knecht entgegnete, das Jungtier sei jetzt ja wohl schon um einiges älter geworden.

Wir lernen daraus: Werden Lämmer nicht zeitgerecht geopfert, dann bleibt ihnen nur mehr ein Leben als dummes Schaf.

Ein solches saß wohl auch seinerzeit in der Kommission für die neue Rechtschreibung. Stellte sich früher jemand einer Idee entgegen, dann nannte man ihn „belemmert" und schrieb das auch so. Denn das Wort leitet sich vom Niederdeutschen „belemmeren" ab, was „hindern, hemmen, beschädigen" bedeutet. Jetzt aber gilt „belämmert" als orthografisch richtig. Offenbar, weil man einen Bezug zum belämmerten Schicksal dieser Jungschafe herstellte, die als Braten auf dem Tisch enden.

Aber manchmal steckt kein Wolf im Schafspelz, sondern ein Pudel.

Zuerst berichtete „The Sun" und in Folge dann auch der ORF über eine Firma, die angeblich mehr als 2000 Japanern geschorene Schafe als „gefälschte" Pudel verkauft habe. Eine japanische Filmschauspielerin habe sich sogar in einer Talk-Show darüber beklagt, dass ihr neu erworbener Pudel nie belle und auch jedes Hundefutter verweigere. Als sie dann ein Foto ihres „Hundes" hergezeigt und man sie über die wahre Identität ihres Tieres aufgeklärt habe, sei sie „zutiefst verstört" gewesen und habe ihren Nun-nicht-mehr-Liebling einem Tiergarten gestiftet. Tolle Story, die alle chauvinistischen Erwartungen gegenüber Pudeln, Frauen und Japanern bedient und deswegen auch so gerne genommen wurde. Nur war sie völlig frei erfunden.

OHNE MITGEFÜHL SIND WIR AM ENDE

Meine Hauskatze, ein Kater namens Karlo, war es gewohnt, von mir regelmäßig um 17 Uhr gefüttert zu werden. Auch ohne die Fähigkeit, eine Uhr lesen zu können, wusste er fast auf die Minute genau, wann dieser Zeitpunkt erreicht war. Und ich hielt mich aus „pädagogischen" Gründen sehr genau an diese Routine. Manchmal versuchte er dennoch schon vor der Zeit, mich zu einer Fütterung zu bewegen. Dazu strich er mit erhobenem Schwanz und gespreiztem Schwanzfell um meine Beine und stieß ein charakteristisches kurzes Miauen aus. Normalerweise ignorierte ich sein Betteln und schob ihn nur sanft zur Seite. Aber als ich einmal vor meinem Laptop in einen Text vertieft am Tisch saß, sprang er zu mir hinauf, setzte sich direkt vor mich und ließ einen kurzen Laut vernehmen. Dann blickte mir direkt in die Augen und legte mir in einer menschlich anmutenden Geste seine Pfote auf die Schulter. Was hatte Carlo in diesem Moment gedacht? Lieber Freund, Fütterung erhält unsere Beziehung? Welches Gefühl hatte ihn bei dieser Handlung angetrieben? Verhalten sich Katzen auch untereinander so, oder habe ich in diesem Moment nur eine menschliche Empfindung in eine zufällige Pfotenbewegung hineininterpretiert?

Diese Art von Erlebnis und emotionaler Erfahrung haben die meisten Menschen im Lauf ihres Lebens im Umgang mit Haustieren oder bei einem Zoobesuch gemacht.

Da wir Schwierigkeiten haben, tierisches Verhalten mit anderen Mitteln als unseren eigenen Empfindungen zu interpretieren, nehmen wir in solchen Situationen an, dass auch andere Lebewesen so empfinden und denken wie wir.

Tiere werden aber oft nur als unbeseelte Lebewesen gesehen. Auch die Wissenschaft sah in ihnen nur Reiz-Reaktions-Maschinen und versuchte bis ins späte zwanzigste Jahrhundert hinein, Tieren jegliches emotionale Erleben abzusprechen.

Verhaltensforscher nahmen bei ihren Beobachtungen nie Gefühle bei anderen Lebewesen wahr, sondern sprachen nur von positiven oder negativen „Tönungen".

Mittlerweile gibt es viele Belege dafür, dass auch Tiere eine Vielzahl unterschiedlicher Empfindungen haben. Doch lassen sich menschliche Gefühle auf Tiere übertragen? Erleben diese neben den sehr urtümlichen Emotionen wie Angst und Aggression auch Sorge, Glück oder Schuld?

Diese Frage ist nicht nur philosophischer Natur, denn das Verständnis der Gefühlswelt bietet einen Zugang zum Intellekt, zum Bewusstsein und – in einem erweiterten organismischen Verständnis – der Seele von Lebewesen.

Heutiger Stand der wissenschaftlichen Diskussion ist es, dass Tiere über Gedanken und Gefühle verfügen. Beim Verständnis dessen, was Tiere denken und fühlen, hilft ein Blick auf das Umfeld, in dem sich die Evolution der jeweiligen Tierart abgespielt hat. Alle Tiere besitzen mentale „Werkzeuge" zur Lösung von Problemen in ihrer natürlichen und sozialen Umwelt. Manche dieser Denkwerkzeuge sind universal und wir finden sie bei Insekten, Vögeln und Säugetieren, einschließlich des Menschen. Drei davon sind ganz zentral: Alle höher entwickelten Tiere müssen andere Gegenstände erkennen, die Anzahl von Dingen erfassen und sich zielgerichtet bewegen können.

Manche der Werkzeuge sind spezielle Anpassungen an die jeweilige Umwelt eines Lebewesens. Fledermäuse, die im Dunkeln jagen, verfügen über ein Ultraschallpeilsystem zur Orientierung. Haie, die in lichtlosen Meerestiefen schwimmen, können die elektrischen Felder ihrer Beute wahrnehmen. Menschen verfügen über keine der beide Fähigkeiten und wir können daher auch nicht beurteilen, wie sich diese Sinnesreize „anfühlen". Dafür können Menschen als besonders soziale Lebewesen hunderte von Gesichtern an kleinsten Unterschieden voneinander unterscheiden. Andere soziale Tiere wie zum Beispiel Honigbienen haben überhaupt kein Sensorium für mimische Merkmale, erkennen ihre Stockgenossinnen aber an feinsten Duftmerkmalen.

Für den Menschen ist das Wahrnehmen von Gesichtern von besonderer Bedeutung, da bei uns die Fähigkeit, andere individuell erkennen zu können, eine evolutive Überlebensnotwendigkeit war. Infolgedessen haben wir jene Areale im Gehirn weiterentwickelt, die uns jene oft nur winzigen Differenzen zwischen einzelnen Gesichtern erkennen und verarbeiten lassen.

Bei der Erforschung des Denkens scheint es oftmals darum zu gehen, die Krone der Schöpfung im Tierreich zu lokalisieren. Bisher fand dieser Vergleich meist zwischen Tier und Mensch statt. Der US-amerikanische Sprachphilosoph Hilary Putnam formulierte es sehr treffend: „Unsere Welt ist eine Menschenwelt, und was Bewusstsein und was kein Bewusstsein hat, was Empfindungen und was keine Empfindungen hat, was wem qualitativ ähnlich und was wem unähnlich ist, ist letztlich samt und sonders von unseren menschlichen Urteilen über Ähnlichkeit und Verschiedenheit abhängig."

Es ist eine gängige Meinung, dass Tiere von ihren Trieben gelenkt werden, Menschen hingegen durch ihren Geist. Wir sind rational, Tiere irrational. Für Menschen gilt der Spruch des französischen Philosophen René Descartes „Ich denke, also bin ich", während Tieren ein „Ich fühle, also reagiere ich" zugeschrieben wird.

Wir setzen uns sehr anmaßend an die Spitze einer intellektuellen Pyramide, ohne Kriterien für diese Einstufung anzuführen. Und diese Position ist damit gleichermaßen wenig geistreich, weil sie Unterschiede im Denken ignoriert und nicht danach fragt, wie die unterschiedlichen Facetten des Geistes im Lauf der Evolution entstanden sind.

Anfang der 1940er Jahre löste der Biologe Don Griffin das Rätsel, wie Fledermäuse mittels Ultraschall navigieren. Er ließ in seinen Vorlesungen gerne zwei Fledermäuse frei fliegen, um deren Fähigkeiten zu demonstrieren. Der Philosoph Thomas Nagel besuchte ihn einmal und war von Griffins Ausführungen so beeindruckt, dass er einen Essay mit dem Titel „Wie fühlt es sich an, eine Fledermaus zu sein" dazu schrieb. Er postulierte darin, dass eine objektive Wissenschaft grundsätzlich nicht in der Lage sei, solche subjektiven Fragen zu klären. So wenig wir sagen können, wie es sich für diese Tiere anfühlt, das Echo von Ultraschallsignalen zu empfangen, ebenso wenig können wir wissen, wie es sich für Thomas Nagel anfühlte, diese Fledermäuse über sich fliegen zu sehen.

Wir haben der Erde durch unseren Geist zweifelsohne einen erkennbaren Stempel aufgedrückt, aber wir sollten nie vergessen, dass wir diesen Planeten mit anderen, ebenfalls denkenden Lebewesen teilen.

Statt eines Nachworts

Was braucht ein Buch neben dem eigentlichen Inhalt noch? Ein Vorwort? Nein, das halte ich für eine verlegerische Unsitte, möglichst bekannte Menschen, die das Buch meistens gar nicht gelesen haben, als verkaufsfördernde Zugpferde vor den Text des Autors zu spannen.

Der von mir sehr geschätzte deutsche Essayist Max Goldt prangerte einmal in einem Text die von ihm als noch unsittlicher angesehene Usance an, verknappte Pressetexte wie zum Beispiel „Eine hinreißende Chaplinade" am Buchrücken zu zitieren.

Er schrieb dazu: „Darauf, dass ein solches Allerweltsgebrabbel ein Buch entwertet, wird man in den Verlagen wohl nie kommen. Schlimmer noch treibens die Amerikaner und Briten. Da werden die Pressezitate manchmal gleich auf die Vorderseite gesetzt, und oft bestehen sie nur aus einem Wort. ‚Hilarious. - Evening Post' steht dann da. Und wer weiß, was in der ‚Evening Post' vollständig gestanden hat? Möglicherweise hieß es dort: ‚This book is not at all hilarious, it's rather boring.'" Er nannte dann auch sein 1998 erschienenes Buch „Mind-boggling - Evening Post".

Seitdem sind zwanzig Jahre vergangen und kontextlose Verknappung von Botschaften ist fixer Teil unserer Kommunikations- und Medienkultur geworden.

Ich habe mich in diesem Buch auch mit der oft sensationsheischenden Medienberichterstattung über Tiere auseinandergesetzt und so schien es mir am Ende reizvoll, wie ein Ochse wider diesen Stachel zu löcken. Ich habe daher drei öffentlich bekannte Personen, die mich bestenfalls flüchtig kennen, gebeten, ein solch knappes Zitat für den Buchrücken zu spenden.

Überraschenderweise haben alle drei nicht nur zugesagt, sondern mir - ohne das Buch gelesen zu haben - wunderbar treffsichere Zitate zur Verfügung gestellt.

Aus einer spontanen, spaßgeborenen Idee wurde plötzlich Ernst. Und ich frage mich nun, ob man Bücher gar nicht mehr lesen muss, um sie zu verstehen.

Ich mache also sicherheitshalber ein Smiley dazu: ☺.

Tier-Register

Ameise 86
Assel 53f.
Auster 57
Bär 25, 30, 49, 60f., 63, 100, 113f.
Bengalenwaran 37
Beutelwolf (Tasmanischer Tiger) 125
Biene 8, 16, 30, 40, 139, 146, 180
Blattlaus 8
Boa constrictor 30f.
Bonobo 111, 116
Buchfink 10f.
Bussard 147
Dachs 152
Delfin 42
Dickmaulrüssler 135
Dodo (Dronte) 123f.
Eichhörnchen 43, 61
Eidechse 106
Elch 57
Elefant 26, 74, 94f.
Ente 60
Falke 38
Falter (alle Arten) 22f.
Feldhase 64, 71, 171
Feuerwanze 143
Fichtenborkenkäfer 26
Fischadler 114
Fledermaus 180f.
Fliege (alle Arten) 40, 50, 73, 77, 105f., 111, 148f., 163, 165f., 174
Forelle 30, 104, 138
Frosch 52, 73, 134

Fuchs 33, 51, 108
Gallwespe 109
Gans 94
Gämse 46
Gänsegeier 41
Gepard 54
Glühwürmchen 167f.
Goldfisch 66
Gorilla 116
Graugans 8
Hai (alle Arten) 31, 36, 73, 100f., 180
Halsbandschnäpper 10
Hamster 166, 171
Hering 96
Heuschrecke 16f.
Hirsch 52, 63, 93
Hirschbremse 87
Hitlerkäfer 127f.
Höckerflohkrebs 27
Hornisse 76f., 138f.
Hornotter 11
Huhn 94, 129
Hummel 144
Hummer 154f.
Hund 9, 28ff., 34, 37, 40f., 58, 66, 71f., 78, 85, 90, 123, 129f., 152, 166, 169, 171ff., 177f.
Igel 52, 57
Javaneraffe 124
Kanarienvogel 166
Känguru 55
Kaninchen 76, 108, 117f., 152
Kartoffelkäfer 16, 39
Katze 29, 41f., 46, 57, 90, 123, 140f., 153, 170f., 178f.
Kleiner Fuchs 164

Kojote 55f.
Kondor 126f.
Kormoran 20
Krabbe 23
Krähe 51
Kreuzotter 47
Krokodil 30ff.
Kugelkäfer 137
Löwe 31
Luchs 28
Marienkäfer 59
Maulwurf 155
Maus 85, 139, 147
Meerschweinchen 18, 130, 152, 171
Mistkäfer 14f., 152
Motte 18, 50, 128, 134
Mücke, Gelse (alle Arten) 25f., 33, 121, 128, 132ff., 146
Nandu 55f.
Nashorn 46
Orang-Utan 73f., 116
Panda 74
Papagei 49, 68
Pavian 46
Pfau 89
Pferd 57, 90f., 115, 183
Pinguin 49, 111ff.
Piranha 57
Python 29
Qualle 57
Ratte 123, 139
Regenwurm 12, 69f., 83, 145
Reh 76, 85, 93
Rind 16, 30, 33, 35f., 54f., 65, 67f., 70, 76, 79, 91ff., 132, 151f., 156ff., 170, 176, 183

Ringelnatter 51
Salamander 134
Schaf 76, 170, 175ff.
Schildkröte 57
Schimpanse 113, 161f.
Schnecke (alle Arten) 47ff., 69, 107, 125, 140f., 145
Schwan 30
Schwein 8, 30, 63, 65, 76, 94f., 124, 131f., 153, 176
Seelöwe 37
Seepferdchen 49
Silberfischchen 147f.
Skorpion 19
Sperling 42
Spinne (alle Arten) 8, 12f., 18, 45, 50f., 57, 145, 148
Spinnmilbe 90
Star 68, 162f.
Steinkauz 70ff.
Steinkrebs 15
Storch 60
Tagpfauenauge 164
Tasmanischer Teufel 31
Taube 38f., 83, 140, 176
Tausendfüsser 140f.
Tiger 28, 48
Tümmler 38
Uhu 60
Unke 60
Waldschabe 7, 10
Wanze 9f., 59
Wels 34f., 119
Wespe 139
Wiesel 52
Wiesenotter 94
Wolf 8, 10, 177

Wombat 152f.
Zecke 128
Ziege 76, 170, 175
Zitteraal 57
Zornnatter 11, 145

Von Fischen, Vögeln und Reptilien – Meisterwerke aus den kaiserlichen Sammlungen

Österreichische Nationalbibliothek, Christina Weiler (Hg.), Von Fischen, Vögeln und Reptilien
ISBN: 978-3-218-00837-2
€ (A, D) 29,90
Kremayr & Scheriau

„Der Begleitband zur Ausstellung in der Österreichischen Nationalbibliothek (24.11.2011–29.1.2012) zeigt in farbenprächtigen Abbildungen Meisterwerke aus den kaiserlichen Sammlungen. Die zum Teil nach der Natur angefertigten Studien des 16./17. Jahrhunderts bieten auf beeindruckende Weise Einblicke in die Bildwelten der frühen Neuzeit. Die Tierdarstellungen in den Skizzenbüchern und Kunstalben, enzyklopädischen Naturgeschichten und Studienbüchern strahlen eine ganz besondere Lebendigkeit aus und demonstrieren anschaulich, wie sich ästhetische und wissenschaftliche Interessen verbinden."